AF836850

FARINA GRASSMANN

True Crime in Nature

Eine Hommage an das Böse,
denn es ist sehr gut.

FARINA
GRASSMANN

True Crime in Nature

Mit Illustrationen von
CORNELIS JETTKE

DIEBSTAHL, MORD
UND TRICKBETRUG –
KRIMINELLE
MACHENSCHAFTEN
UNTER TIEREN
UND PFLANZEN

KOSMOS

Mehr entdecken, mehr verstehen

DAS KOSMOS VERSPRECHEN

Expertenwissen seit 1822

Welches Thema dich auch begeistert – auf unsere Expertise kannst du dich verlassen. Und das schon seit über 200 Jahren.

Unser Anspruch ist es, dich mit wertvollem Rat zu begleiten, dich zu inspirieren und deinen Horizont zu erweitern.

BEGEISTERUNG DURCH KOMPETENZ

Unsere Autorinnen und Autoren vereinen professionelles Know-how mit großer Leidenschaft für ihre Themen.

WISSEN, DAS DICH WEITERBRINGT

Leicht verständlich, lebensnah und informativ für dich auf den Punkt gebracht.

SACHVERSTAND, DEN MAN SEHEN KANN

Mit aussagestarken Fotos, Zeichnungen und Grafiken werden Inhalte besonders anschaulich aufbereitet.

QUALITÄT FÜR HEUTE UND MORGEN

Dafür sorgen langlebige Verarbeitung und ressourcenschonende Produktion.

Du hast noch Fragen oder Anregungen?
Dann schreibe uns: kosmos.de/servicecenter

Inhalt

Leichen im Keller

Um Sie herum werden pausenlos Verbrechen begangen. Dafür müssen Sie nicht einmal in einer Großstadt wohnen. Es genügt, einen Schritt in den Garten oder einen Spaziergang durch den Wald zu machen. Die dort lebenden Tiere (und Pflanzen!) nehmen es mühelos mit den Fällen aus den True Crime Podcasts auf.

SIND SIE BEREIT FÜR EINIGE SCHAUERGESCHICHTEN? Eine Warnung vorab: Nach dem Lesen dieses Buches werden Sie flauschige Hummeln, urige Bäume und am Himmel kreisende Schwalben für immer mit anderen Augen betrachten. Denn auch die vermeintlich Unschuldigen haben Leichen im Keller. Auf den folgenden Seiten werden Ihnen Kriminelle begegnen, die klauen und Kriege führen, die sich ins gemachte Nest setzen und ihre Opfer in willenlose Marionetten verwandeln. Und einige der kriminellen Gestalten sind obendrein so klein, dass sie für unsere Augen unsichtbar sind. Es sind wahre Verbrechen, von denen manche sogar uns Menschen treffen.

Ich lade Sie ein auf eine Spurensuche durch unsere Natur. Hin zu den verrücktesten Kriminalfällen und den gruseligsten Vergehen! Sie glauben mir nicht? Dann sollten wir über Ameisen sprechen. Und ich meine nicht die eifrigen Tiere, deren Straßen zum Gartentisch führen, wo sie einer Putzkolonne gleich die Krümmel davonschaffen. Nein, ich meine Raubameisen. Richtig fiese Gesellen, die Raubzüge unternehmen, fremde Ameisennester überfallen und Sklaven nehmen. Und absurderweise bringen sie die versklavten Leidtragenden nicht nur dazu, für sie zu arbeiten, sondern auch für sie zu kämpfen – wenn es sein muss, gegen die eigene Verwandtschaft!

Die Natur ist ein hartes Pflaster. Deswegen kann man den Kriminellen im Grunde genommen noch nicht einmal einen Vorwurf machen. Denn die Evolution besitzt kein Mitleid und sortiert gnadenlos aus. Weil natürlich niemand Lust hat, auszusterben, ist ein Wettrüsten zwischen Tätern und Opfern entbrannt. In den Jahrmilliarden irdischen Lebens haben sich primitive Einzeller in Lebewesen verwandelt, die einen Koffer vollgestopft mit heimtückischen Tricks mit sich herumschleppen. Aber machen Sie nicht den Fehler, die Einzeller zu unterschätzen! Toxoplasma gondii ist der beste Beweis: Der Parasit unterwandert das Gehirn seines Opfers und sorgt dafür, dass es sich urplötzlich zu seinen schlimmsten Feinden hingezogen fühlt. In deren Magen will der Einzeller nämlich landen.

Klar, fressen und gefressen werden ist ein alter Hut. Während Sie das hier lesen, werden um Sie herum unzählige Tiere um die Ecke gebracht. Uns behagt der Gedanke nicht, aber damit haben die sogar noch Glück, man kann nämlich genauso gut als lebende Vorratskammer enden und Stück für Stück von innen heraus aufgefressen werden. Sie merken schon, in der Natur reiht sich ein Konflikt an den nächsten. Das macht auch vor ehelichen Meinungsverschiedenheiten nicht halt. Da kommt es schon einmal vor, dass ein Penis abbricht oder einer der Beteiligten den Kopf verliert. Bis wir auf diese Schlüpfrigkeiten zu sprechen kommen, müssen Sie sich aber noch etwas gedulden.

Um eine Sache möchte ich Sie noch bitten: In diesem Buch werden Sie in Verbrechen eintauchen, die genauso in den Schlagzeilen der Zeitungen oder den True Crime Podcasts landen könnten. Auch wenn mir die menschlichen Verbrechen als Vorbild dienten, herrscht in der Natur doch ein anderes Rechtssystem und keiner der Täter hat sich mit seinen Taten schuldig gemacht. Deswegen verstehen Sie dieses Buch bitte als tiefe Verneigung vor dem Einfallsreichtum der Kriminellen, die Ihnen hier begegnen.

Lasset die Spurensuche beginnen!

Der Feind in meinem Nest

Hören Sie es ticken? Natürlich nur im sprichwörtlichen Sinn, denn im Nest der Rohrsänger herrscht Stille – noch. Fünf Eier liegen in dem Körbchen, das die Eltern aus trockenen Gräsern zwischen die Schilfhalme geflochten haben.

JEDES DER EIER TRÄGT EIN INDIVIDUELLES MUSTER aus braunen Sprenkeln. Doch eins sticht heraus, etwas zu groß, etwas zu ungefleckt. Eine tickende Zeitbombe im Nest: das Kuckucksei.

Der Kuckuck – Zeitbombe im Vogelnest

„Kuckuck-kuckuck" ertönte es im Frühling in der Teichlandschaft. Der Gesang der Kuckucks-Männchen kündigt den Nistvögeln der Umgebung nichts Gutes an. Nach der Paarung kundschaftet seine Partnerin die fremden Nester aus. Stundenlang verharrt sie reglos, observiert und wartet auf den richtigen Moment. Die Zeit drängt, denn die Rohrsänger haben die ersten Eier bereits gelegt. Wartet das Kuckucks-Weibchen zu lange, riskiert es das Überleben seines Nachwuchses. Endlich ist es soweit: Als die Schilfbewohner ihr Nest einen Augenblick unbewacht lassen, nutzt das Weibchen die Gelegenheit, verschlingt eines der Eier und legt stattdessen innerhalb von Sekunden ihr eigenes hinein. Das Kuckucksei besitzt eine robuste Schale, und das aus gutem Grund: Das kleine Rohrsängernest bietet dem Kuckuck kaum genug Platz zum Landen. An ein Hineinsetzen ist nicht zu denken und so plumpst das Ei beim Legen von oben in das Nest hinein.

Bei der Rückkehr bemerken die Rohrsänger den Schwindel nicht und gehen ihrem Brutgeschäft ganz unbekümmert weiter nach.

Zwölf Tage vergehen, bis das Kuckuckskind schlüpft. Obwohl es als Nachzügler ins Nest kam, ist es früher dran als seine Stiefgeschwister. Dafür hat seine Mutter gesorgt: Bereits bevor sie das Ei legte, begann sie es zu bebrüten. Ihr eingebauter Inkubator verschafft dem Nachwuchs einen Vorsprung von mehr als einem Tag.

Nackt und blind liegt der kleine Kuckuck im Nest. Nach dem kräftezehrenden Schlüpfen benötigt er einen Ruhetag, an dem er seine Kräfte sammeln kann. Dank des Tricks seiner Mutter bleibt seinen Stiefgeschwistern oftmals keine Zeit, um zu schlüpfen. Denn schon bald lässt das hilflos wirkende Küken seine Maske fallen und zeigt sein grausames Gesicht.

Der kleine Kuckuck hat es auf die Eier abgesehen. Ohne sich mithilfe seiner Augen orientieren zu können, drückt er sich unter sie und platziert sie mithilfe der Stummelflügelchen auf seinem Rücken. Es braucht Kraft und Geschick, doch innerhalb von Minuten hat er rittlings schiebend das erste Ei über den Rand des Nestes gehievt. Unter den Augen der Zieheltern entledigt er sich eines Eis nach dem nächsten. Der Rohrsänger-Nachwuchs hat selbst dann kaum Überlebenschancen, wenn ihm der Schlupf gelingt – und das gleich aus zwei Gründen: Einerseits wirft der Kuckuck auch Küken aus dem Nest, die schwerer sind als er selbst. Andererseits ist er ein außerordentlich geschickter Betrüger. Für den unwahrscheinlichen Fall, dass ein leibliches Kind der Pflegeeltern überlebt, werden diese es gegenüber dem Kuckuckskind vernachlässigen. Denn das wirkt durch sein überdeutliches Betteln auf die Elternvögel schlichtweg attraktiver und bekommt deswegen mehr Futter.

So brutal, wie das Verhalten wirkt – für den Kuckuck ist es überlebenswichtig. Im Laufe der Evolution verlor er die Fähigkeit, selbst Nester zu bauen und zu brüten. Damit hat er sich in eine Abhängigkeit manövriert, in der er ohne seine Wirtsvögel nicht mehr überleben kann. In seiner Lage führt kein Weg an der Beseitigung der Stiefgeschwister vorbei. Würde das Kuckuckskind sie nicht aus dem Nest werfen, würde es Gefahr laufen, zu sterben. Denn die Wirtsküken werden früher flügge und die Wirtseltern würden wahrscheinlich mit ihnen das Nest verlassen und das Kuckucksküken zurücklassen.

Einen Kuckuck aufzuziehen, ist für die Eltern ein Kraftakt. Bis zu 24 Tage hockt er im Nest, doppelt so lange, wie es bei ihren leiblichen Kindern üblich ist. Schnell ist aus dem hilflosen Küken ein lärmender, stets hungriger Gast geworden, der das gesamte Nest ausfüllt. Mit nicht enden wollenden Rufen sichert er sich die Gunst seiner Zieheltern und animiert sie, ständig mehr Nahrung heranzuschaffen. Zwar müssen sie nur ein Küken versorgen, doch das frisst über die Nestlingszeit hinweg doppelt so viel Nahrung, wie es alle eigenen Küken zusammen getan hätten. Sogar dann, wenn der Kuckuck bereits das Nest verlassen hat und laut bettelnd in der Nähe sitzt, schaffen die Eltern weiter regelmäßige Mahlzeiten heran. Ein aberwitziger Anblick, wie die Rohrsänger das riesenhafte Kuckuckskind füttern – fast als würden sie jeden Moment selbst verschlungen werden.

Die Kuckucks-Mutter bebrütet ihre Eier bereits vor dem Legen!

Die Kuckuckshummel – Kronenklau im Hummelreich

Kuckucke lauern nicht nur den Nistvögeln auf. Die Masche ist längst kopiert und kursiert im Insektenreich. Bienen haben es ohnehin schwer. Hinter jeder Ecke wartet ein hungriger Vogelschnabel (der Bienenfresser ist ein dermaßen professioneller Bienen-Killer, dass er sie sogar im Namen trägt). Ganz zu schweigen von Spinnen, die in einen Tarnumhang gehüllt auf Blüten lauern und nur darauf warten, dass ihnen eine Biene in die Fänge fliegt (von denen hören wir später noch). Und zu allem Überfluss sind die Bienen sogar in ihren eigenen vier Wänden nicht sicher.

Hummeln (die gehören auch zur Bienenfamilie) bauen Nester, manchmal im Boden und manchmal in Baumhöhlen – da sind die Vorlieben verschieden. Und diese Nester werden von fremden Hummelarten gekapert und für deren Eiablage zweckentfremdet. Kommt Ihnen bekannt vor? Der Vergleich zum Kuckuck drängt sich geradezu auf und hat den „Kuckuckshummeln“ ihren Namen eingebracht. Dass ein Kuckucksei im Hummelnest liegen kann, ist allerdings ein Kampf, ganz wortwörtlich.

Angesichts der kriminellen Tiere fragt man sich doch: Wie wurden sie überhaupt kriminell? Schließlich ist wohl keines von ihnen eines Morgens mit der Idee erwacht: „Mir reicht's, mich selbst um die Kinderbetreuung zu kümmern – ich zwinge ab sofort anderen Tieren die Care-Arbeit auf.“ Bei den Hummeln bekommen wir eine Ahnung, wie das abgelaufen sein könnte. Auch die Kuckuckshummeln sind nicht kriminell auf die Welt (oder besser gesagt auf die evolutionäre Bühne) gekommen. Aber lassen Sie mich erst einmal eine von ihnen vorstellen: Die Dunkle Erdhummel zum Beispiel unternimmt dann und wann Versuche, die Nester der Hellen Erdhummel zu unterwandern. Im Gegensatz zu ihrer Verwandten ist sie eine Langschläferin. Während die helle Königin bereits mit dem Frühlingsbeginn einen Ort für das Nest gesucht und eine Schar von Arbeiterinnen erschaffen hat, verlässt die dunkle erst gemächlich ihr Winterversteck. Nun könnte man sich selbst an die Arbeit begeben. Oder man versucht einfach, das fremde Nest zu übernehmen. Die feindliche Übernahme bietet neben dem offensichtlich geringeren Arbeitsaufwand noch weitere Vorteile (dazu gleich mehr). Der große Nachteil bei der Geschichte: Kein Hummelvolk gibt sein Nest kampflos her und die Angreiferin kostet der Versuch oftmals das Leben.

Zumindest bei neun heimischen Hummelarten scheinen die Vorteile überwogen zu haben. Die Kuckuckshummeln sind im Laufe der Evolution über den einfachen Nestraub hinausgegangen und spezialisierten sich auf das Leben als Sozialparasit. Als solche machen sie sich die soziale Lebensweise und die Brutfürsorge ihrer Wirte zunutze, sind allerdings zugleich ebenso abhängig von den Wirtshummeln geworden wie der Kuckuck von den Wirtsvögeln.

Bei der Suche nach einem Hummelnest geht es der Nase nach. Korrekterweise müsste ich sagen: den Antennen nach. Denn Hummeln haben selbstverständlich keine Nase im Gesicht sitzen (ich bitte vielmals um Entschuldigung für das Bild, das Sie jetzt im Kopf haben), sondern erriechen die Umgebung mithilfe ihrer Fühler. Jede Art besitzt ihr individuelles Parfüm. Über ihre Füße verteilen die Hummeln den Geruch überall und hinterlassen eine richtiggehende Duftspur, die von den besuchten Blüten bis ins Nest verläuft. Die Zeitungen haben diese Erkenntnis ihrerseits mit Begeisterung aufgenommen und machten den „Fußgeruch" der Hummeln zur Schlagzeile. Dank dieser Markierungen erkennen die Hummeln direkt, ob eine Blüte bereits besucht wurde. Doch leider ist es für die Kuckuckshummeln so auch ein Leichtes, der Spur bis zum Nest ihrer Wirte zu folgen. Erstaunlicherweise hat die Kuckuckshummel nicht nur ihre Gestalt an die Wirte angepasst, sondern auch ihren Geruch. Ein Trick, um möglichst wenig Gegenwehr beim folgenden Manöver zu erhalten.

Die Kuckuckshummel hat das Nest genau beobachtet. Der richtige Zeitpunkt entscheidet über ihren Erfolg. Erst wenn sich genügend Arbeiterinnen im Nest versammelt haben, startet sie ihren Angriff. Ruppig drängt sich die

Kampf um die Krone

Hummeln mit Fußgeruch

Kuckuckshummel an den Arbeiterinnen vorbei, die ihr den Eingang zum Nest versperren. In bester Kneipen-Schlägerei-Manier poltert sie hinein und hält angriffslustig nach der Königin Ausschau. Ein Kampf auf Leben und Tod beginnt und obwohl die Arbeiterinnen der Königin zu Hilfe eilen, hat die Kuckuckshummel die besseren Karten. Ihr Körper ist größer und mit einem stärkeren Außenskelett versehen, dem die Stiche der Verteidigerinnen wenig anhaben können. Für die Angreiferin geht es um alles: Ohne ein fremdes Nest gehen ihre Gene verloren. Vermutlich ist es am Ende weniger Erbarmen als ein Einsparen der Kräfte: Sie lässt der Königin die Möglichkeit, zu fliehen oder sich zu ergeben. Doch der Preis dafür ist hoch: Sie muss ihre Position auf dem Thron aufgeben und fortan ein Leben als Arbeiterin führen.

Die Krone erkämpft, vertilgt die neue Königin einen Teil der Eier und jüngeren Larven des Volkes. Die älteren Larven verschont sie und sichert damit den Nachschub an neuen Arbeiterinnen. Trotz ihrer Kraft: Ihre Macht ist begrenzt. Zwar wird sie selbst Eier legen, eigene Arbeiterinnen kann sie aber nicht erschaffen. Sie muss auf die Loyalität der unterworfenen Arbeiterinnen setzen, die bis zu ihrem Tod die Kuckuckskinder pflegen und Nahrung herbeischaffen werden. Weder die Kuckucks-Königin noch ihre Nachkommen beteiligen sich an diesen Aufgaben. Die Fähigkeit dazu haben sie schon vor langer Zeit verloren. Während ihr Körper größer und stärker wurde, verschwanden die Pollenkörbchen an ihren Hinterbeinen, die ihren Verwandten zum Sammeln von Nahrung dienen.

Mit dem Leben der letzten Dienerinnen endet auch das Leben im Hummelnest. Die Kuckuckshummel stellt das Eierlegen ein und stirbt. Ausgestattet mit dem Potenzial, die nächste Königin zu werden, treten die Jungköniginnen die Überwinterung an, um im nächsten Jahr ihrerseits ein Volk zu erobern.

Die Kuckucke unter den Insekten

Die Kuckuckshummel ist mit ihrer Lebensweise nicht allein im Insektenreich. Fast jede vierte Bienenart in Deutschland lebt parasitisch. Eine Spielart der Natur, die vermutlich vor 95 Millionen Jahren ihren Ursprung fand. Heute reichen die Tatbestände parasitischer Bienen von der Plünderung der Vorratskammer über das Besetzen des Nestes bis hin zum Leben im oder auf Kosten des Wirtsnachwuchses.

Eine der Kuckucksbienen ist die Wespenbiene. Genauer gesagt handelt es sich aktuell gleich um 67 Wespenbienen-Arten, die in Deutschland eine Heimat haben. Spärlich behaart, ausgestattet mit einer waschechten Wespentaille und einer bunten Bänderung machen sie ihrem Namen alle Ehre. Blüten suchen sie nur zum Stillen ihres eigenen Appetits auf. Das Anlegen von Vorräten für den Nachwuchs überlassen sie anderen.

Auf Patrouillenflügen inspiziert das Wespenbienen-Weibchen die Umgebung. Sie hält nach den Nestern von Sandbienen Ausschau. Jede Wespenbienen-Art ist auf eine einzige Wirtsart spezialisiert. Sandbienen stehen dabei besonders hoch im Kurs. Ein Nest im Boden ausgemacht, legt sich die Wespenbiene wenige Zentimeter vom Eingang entfernt auf die Lauer. Es scheint, als prüfe sie (freilich schwebend, nicht liegend), ob sie unbemerkt ins Innere gelangen kann. Dann schaufelt sie den Eingang frei, den die Eigentümerin zuvor sorgsam mit Sand verschlossen hat. Ihr Ziel sind die Zellen, in denen die Sandbienen ihre Eier abgelegt und mit reichlich Proviant für die Zeit nach dem Schlupf ausgestattet haben. Dort hinein legt das Wespenbienen-Weibchen ihr eigenes Ei. Bald wird daraus das Kuckucksbienenkind schlüpfen und das artfremde Geschwisterkind töten, um sich die Vorräte zu sichern.

Fast jede vierte Bienenart bei uns ist ein Parasit!

Das Platzieren der Eier braucht seine Zeit. Manchmal nach wenigen Minuten, manchmal erst nach einer halben Stunde erscheint das Parasiten-Weibchen wieder am Eingang. Trifft sie auf eine gleichsam am Nest interessierte Artgenossin, führt das unweigerlich zum Kampf. Die Unterlegene muss den Platz räumen und sich ein anderes Wirtsnest suchen. Überraschender als Meinungsverschiedenheiten unter Wespenbienen ist das Zusammentreffen mit den Wirten: Die Nesteigentümerinnen sind gegenüber den Eindringlingen nämlich friedfertig gestimmt. Klingt nach einem kuriosen Verhalten? Der Grund ist noch kurioser. Die Wespenbienen verschleiern ihre Identität nämlich mithilfe einer duftenden Tarnkappe. Die männlichen Wespenbienen produzieren den Duft in ihren Kopfdrüsen und übertragen ihn bei der Paarung auf die Weibchen. So ist ihr Geruch, den übrigens auch wir Menschen wahrnehmen können, kaum unterscheidbar von dem der Sandbienen. Und weil die Eindringlinge für die Sandbienen-Weibchen riechen wie ihresgleichen, sehen sie scheinbar keinen Grund für einen Verteidigungsschlag.

Weitaus weniger friedfertig geht es bei anderen Kuckucksbienen zu. Die Buckelbienen sind auch als Blutbienen bekannt. Wenngleich ihr roter Hinterleib dafür verantwortlich ist: mit Blick auf ihr Verhalten ist dieser Name nicht weniger passend. Beim Aufspüren fremder Nester halten es die Blutbienen wie die Wespenbienen. Ohne den Schutz einer Tarnkappe kommen die Nestinhaberinnen den Parasiten allerdings schnell auf die Spur. Wie es auch die Kuckuckshummeln tun, versuchen sie, ihr Nest zu verteidigen. Wir erinnern uns: Bei den Hummeln wird allenfalls die Königin des überfallenen Volkes getötet. Die Untertanen verschont die Kuckuckshummel ganz eigennützig, um ihre Arbeitskraft zu nutzen. Die Blutbienen hingegen haben es nur auf die Übernahme der Brutzellen abgesehen. Und da die Bienen diese Arbeit bereits erledigt haben, sind sie, nunja, abkömmlich. Wenig überraschend also, dass Forschende bereits vor über hundert Jahren die blutigen Überfälle von Blutbienen beobachteten und beschrieben, wie diese kurzerhand in die Nester spazierten und alle Bienen darin töteten.

Die Gefahr für Bienen geht aber bei Weitem nicht nur von der Verwandtschaft aus der Bienenfamilie aus. Auch Wespen (diesmal sind es wirklich Wespen und nicht wieder Wespenbienen!) lehren Bienen das Fürchten. Wer sich vor einer Wildbienen-Nisthilfe auf die Lauer legt, begegnet über kurz oder lang den Goldwespen. Farbenfroh schillernd kundschaften sie die Nistgänge aus und suchen die bereits von Bienen besiedelten Behausungen. Dort legen sie ihre eigenen Eier dazu. Schlüpfen die Goldwespen-Larven, haben sie es (Sie ahnen es sicherlich schon) nicht nur auf die Vorräte abgesehen, die die Biene emsig für ihren Nachwuchs herbeigetragen hat, sondern auch auf den Bienennachwuchs selbst. Die Goldwespe Chrysura hirsuta ist ein Spezialfall: Sie ist die Gegenspielerin von Mauerbienen, deren Nistgänge sie erobert. Die Nahrungsvorräte verschmähen die Goldwespen-Larven allerdings. Stattdessen schauen sie geduldig zu, wie die Bienenlarven sich daran dick und rund gefuttert haben – und fressen sie dann auf.

Wollschweber mit Wurfgeschossen

Und kennen Sie den Wollschweber? Genau, die kleinen Flauschkugeln, die pausenlos von einer Blüte zur nächsten schwirren. Die sehen harmlos aus, oder? Doch der Eindruck täuscht! Der Große Wollschweber und einige seiner Verwandten ziehen sogar mithilfe von Wurfgeschossen in den Kampf. Dafür sammeln sie zunächst Sand auf und heften ihn an ihre Eier. Wie mit Wasserbomben bewaffnet, fliegen sie dann über die Wildbienennester hinweg (die meisten unserer Wildbienenarten nisten praktischerweise im Boden) und lassen die wertvolle Fracht herabfallen. Gutes Zielen wird belohnt: Die aus den Eiern geschlüpften Wollschweberlarven krabbeln (fast ebenso flauschig wie ihre Eltern) schnurstracks ins Bienennest. Dort tun sie sich erst an den Vorräten gütlich und später an den Bienenlarven.

Sie dachten, das war's? Dann warten Sie mal ab. Die Bienen haben noch weit Schlimmeres zu fürchten, als einfach „nur" gefressen zu werden. Doch dazu später mehr. Zunächst einmal gehen wir einer Frage auf den Grund: Was tun, wenn die eigenen Eltern es mit der Fürsorge nicht so eng sehen und kein „Eltern-Taxi" spielen?

Der Ölkäfer – blinde Passagiere mit Enterhaken

„Ölkäfer befallen 370-Seelen-Dorf“

„Vorsicht giftig! Ölkäfer macht Urlaubsregionen in Deutschland unsicher“

„Hochgiftiger Ölkäfer lebt unter uns – er kann sogar Menschen töten“

Spätestens im Sommerloch erobert der Ölkäfer alljährlich die Schlagzeilen. Es liest sich, als würden Scharen gigantischer Käfer Städte und Strände überrollen und jedem den Garaus machen, der nicht schleunigst die Beine in die Hand nimmt und die Flucht antritt. Doch was steckt hinter diesen reißerischen Überschriften? Wie es sich für Sommerloch-Themen gehört, nicht allzu viel. Tatsache ist: Seit Jahrtausenden ist der Ölkäfer Teil unserer Kultur und schaut als „Heiltier“ auf eine lange Tradition zurück. Sein Gift namens Cantharidin wurde zur Behandlung einer Fülle von Krankheiten eingesetzt – und zur Potenzsteigerung. Klar, es gibt doch nichts Besseres

Per Anhalter ins Bienen-Nest.

als einen giftigen Käfer, um Schwung unter die Bettdecke zu bringen. Die antiken Griechen verwendeten das Gift allerdings noch auf ganz andere Weise: zur Hinrichtung. Und Giftmörder machten sich dieses Wissen noch Jahrhunderte später zunutze. Giftig genug, um einen Menschen zu töten, ist der Ölkäfer also. (Wenngleich die Einschätzungen auseinandergehen, ob ein Käfer genügt oder es doch eines Nachschlags bedarf.) Also: Essen Sie bitte keinen Ölkäfer. Vorgesehen ist das Gift übrigens ohnehin nicht für uns. Der Ölkäfer möchte nämlich gerade verhindern, im nächsten Magen zu landen. In brenzligen Situationen drückt er deshalb an seinen Kniegelenken gelbe, giftige Tröpfchen heraus. Sein Gift ist also keine Angriffswaffe, sondern dient dem Käfer schlichtweg zur Selbstverteidigung. Was der Ölkäfer dann in diesem Buch zu suchen hat? Diese Geschichte beginnt im Frühling:

Der Schwarzblaue Ölkäfer ist unsere häufigste Ölkäferart. Den Schlagzeilen zum Trotz ist er nicht scharenweise unterwegs, sondern sogar gefährdet. Menschen für seinen Schutz zu gewinnen, ist leider kein leichtes Unterfangen. Erst recht nicht, seitdem das Gerücht kursiert, er sei eine tödliche Bedrohung. Dabei ist er ein richtiger Hingucker. Gut, seine Gestalt wirkt eher gedrungen als grazil und fliegen kann er mit seinen winzigen Flügelchen auch nicht. Dafür schimmert sein Panzer nachtblau und mit einer Körperlänge von teils mehr als drei Zentimetern ist er auch ohne Lupe leicht zu entdecken.

Bei der Partnerwahl entscheiden die inneren Werte. Denen geht das Weibchen auf den Grund und beißt dem Männchen in die Flügeldecken. Damit testet sie seine Giftausstattung. Je giftiger das Männchen, desto größer sind seine Aussichten bei den Weibchen. Die haben keine Vorliebe für Bad Boys, sondern suchen schlichtweg den größtmöglichen Schutz für ihre Nachkommen. Mit dem Gift ausgestattet sind die Eier, Larven und Puppen nämlich für Fressfeinde schwer bekömmlich.

Während sich die Eier im Körper des Weibchens entwickeln, schwillt es weiter und weiter an. Richtig beeindruckend wird das erst mit einem Blick in sein Inneres. Dort trägt es bis zu 9.500 (!) Eier, jedes von ihnen etwa einen Millimeter groß. Fünf- bis sechsmal kann das Weibchen die gewaltigen Gelege produzieren. Sie merken schon: Masse ist beim Ölkäfer alles. Nicht ohne Grund, denn die Überlebensaussichten des Ölkäfer-Nachwuchses sehen nicht gerade rosig aus. Und wie wir bereits wissen, liegt das dank des schützenden Giftes nicht in erster Linie an Fressfeinden.

Wenige Wochen nach der Eiablage verlassen winzige Larven den Boden. An ihren Füßen sitzen klauenartige Borsten, weshalb sie den Namen Dreiklauer oder Triungulinus tragen. Sie erklimmen die nächste Blüte – nicht um dort Nahrung zu suchen, sondern um zu warten. Ihr Interesse gilt den nahrungssuchenden Bienen, die von Blüte zu Blüte fliegen. Sobald eine Biene landet, gilt: Alle Mann an Bord und festklammern! Das einzige Ziel: ins Bienen-Nest zu gelangen. Die blinden Passagiere gehen mit der Wahl ihres Transportmittels ein Risiko ein. Klammern sich die Winzlinge an den falschen Blütenbesucher, landen sie fernab ihres eigentlichen Reiseziels. Doch wer nicht wagt, der nicht gewinnt! Mit etwas Glück sind die Larven auf einer im Boden nistenden Biene gelandet. Eine Kuckucksbiene, die das gleiche Ziel hat, tut es aber auch.

Mit der Ankunft im richtigen Bienen-Nest (nicht alle Wildbienenarten sind geeignete Wirte) ist das Ziel aber noch nicht erreicht. Die Ölkäfer-Larve muss beim Bienen-Ei landen, sonst war's das. Gelangt eine von Tausenden Ölkäfer-Larven dorthin, frisst sie das Ei auf und verwandelt sich anschließend. Während ihre Gestalt zuvor an einen Miniatur-Ohrenkneifer erinnerte, wirkt sie nach der Häutung wie eine Made – kurzbeinig und noch dazu blind. Unaufhaltsam plündert sie die Brutzellen der Bienen und frisst sich durch ihre Nahrungsvorräte hindurch. Wenn sie sich fett gefressen hat, verlässt sie ihre Vorratskammer und vergräbt sich außerhalb des Bienen-Nestes im Boden. Erst im Frühling des nächsten Jahres ist nach sieben Larvenstadien und der anschließenden Verpuppung die Verwandlung von der kleinen, unförmigen Larve zum schwarzblauschillernden Ölkäfer abgeschlossen. Unmittelbar nachdem der Käfer sich aus dem Boden herausgegraben hat, setzt er an Pflanzen seine Fressorgie fort. In dieser Zeit nehmen die Weibchen stark an Größe zu und können ihr Gewicht schlussendlich versechsfachen.

Der Wiesenknopf-Ameisenbläuling – vom Falter, der vorgab eine Ameise zu sein

Während die kleinen Ölkäfer als blinde Passagiere reisen, setzt eine Schmetterlingsraupe auf freiwillige Hilfe. Wobei das mit der Freiwilligkeit so eine Sache ist. Denn die Hilfsbereitschaft ist einem Täuschungsmanöver geschuldet.

Die meisten Schmetterlingsraupen futtern sich mit Vorliebe durch frisches Blattgrün. Doch es gibt Ausnahmen. Der Dunkle Wiesenknopf-Ameisenbläuling zum Beispiel ist vom Pfad der pflanzlichen Ernährung abgekommen. Anstatt sich selbst auf die Beutesuche zu begeben, setzt er sich ins gemachte Nest. Oder besser: in die gefüllte Vorratskammer. Und wo lässt es sich sicherer speisen, als unter dem Schutz eines ganzen Ameisenstaates?

Doch wie kommt die Larve ins Ameisennest? Der Dunkle Wiesenknopf-Ameisenbläuling legt seine Eier ausschließlich am Großen Wiesenknopf ab. Die daraus geschlüpfte Raupe findet in den Blüten ein Versteck und Nahrung. Nach drei Häutungen hat sie ihre Gestalt gewandelt: Sie ist auf eine Länge von drei Millimetern herangewachsen und anfangs noch farblos. Erst durch das Fressen der Wiesenknopfblüten errötet sie. Statt im Schutz ihrer Vorratskammer zu bleiben, lässt sich die Raupe zu Boden fallen. Dort findet sie nur dürftig Deckung – und das ist ganz in ihrem Sinne. Die Raupe möchte gefunden werden. Ein riskantes Unterfangen. Wird sie nicht gefunden, verhungert sie, wird sie von einem Feind gefunden, endet sie in dessen Magen. Wenngleich auch die Ameisen zu ihren Erzfeinden gehören, setzt die Raupe ausgerechnet auf sie ihre ganze Hoffnung. Aber nicht auf irgendeine Ameise: die Knotenameise muss es sein!

Die Ameise sammelt die Raupe ein und trägt sie in ihr Nest. Aber nicht um damit die Vorräte zu bestücken! Statt die Raupe als Beute zu sehen, behandelt die Ameise sie wie den eigenen Nachwuchs. Wie der Ameisenbläuling das geschafft hat? Mit Bestechung und Täuschung. Dafür besitzt die Raupe sogar ein eigenes Organ, das Nektarorgan. Klopft die Ameise mit ihren Fühlern auf die Raupe, tritt eine süße Speise, Honigtau, aus, die die Ameise beschwichtigt. Noch dazu imitiert die Raupe scheinbar den Geruch der Ameisenbrut. Forschende vermuten sogar, dass die Ameise einen Anteil an diesem Täuschungsmanöver hat und beim Ablecken einen Teil des Geruches auf die Raupe überträgt. Die Gestalt der Raupen macht die Täuschung perfekt. Statt der in der Falterwelt typischen lang gestreckten Form, wirken sie mit ihrer gedrungenen Gestalt fast wie eine Ameisenlarve.

Sobald die Raupe im Ameisennest angekommen ist, bezieht sie ihren Platz in der Nähe der Brutkammern. Dort wird sie in den nächsten rund zehn Monaten bleiben. Hat sie Hunger, plündert sie die Brutkammer und erbeutet die Ameisenbrut. Die Vor-

räte nutzt die Raupe strategisch: Sie frisst stets die größten Ameisenlarven, bevor diese sich verpuppen und als Nahrung verloren gehen. Und ihr Hunger ist gewaltig: Bis zu 600 Ameisenlarven vertilgt eine einzige Bläulingsraupe.

Eine Bläulingsraupe frisst bis zu 600 Ameisenlarven!

Obwohl die Raupe dem Ameisenstaat großen Schaden zufügt, ist ihre Tarnung perfekt. Sie genießt nicht nur den Schutz der Ameisen, sondern löst obendrein noch ein Brutpflegeverhalten aus. Das geht mitunter so weit, dass die Ameisen die Betrüger in der Brutkammer mehr als ihre eigene Brut hegen und pflegen.

Nachdem die Raupe fast ein Jahr lang auf Kosten der Ameisen gelebt hat, verpuppt sie sich. Bis zu ihrem Auszug stehen ihr noch heikle Zeiten bevor. Schrittweise verliert sie ihre Werkzeuge, mit denen sie die Ameisen zuvor von Angriffen abgehalten hat. Sobald sie wenige Wochen später ihre Verwandlung abgeschlossen hat, tritt sie die Flucht aus dem Ameisenbau an. Erst jetzt bemerken die Ameisen ihren Irrtum und attackieren den Eindringling. Wollige Schuppen sind sein einziger Schutz und zeugen in den Kiefern der Nestinhaber von den Kämpfen. Wie ein Riese in einem Puppenhaus wirkt der Schmetterling, während er sich durch die Gänge des Ameisennestes drängt. Erst an der rettenden Erdoberfläche pumpt der Falter seine Flügel auf, schließt mit dem Aushärten seine Entwicklung ab und lässt das Ameisennest unter sich zurück.

Die Untermieter der Ameisen

Soziale Schranken versperren den Weg ins Ameisennest. Sie sind das Erkennungsmerkmal unter den Nestgenossen und vereiteln eine Unterwanderung ihres Staates. Nur wer Einfallsreichtum beweist, kann unbemerkt durch die Kontrollen schlüpfen. Die Ameisengrille hat es auf die Spitze getrieben und sich in eine Doppelgängerin der Ameisen verwandelt.

Auf den ersten Blick sieht die Ameisengrille einer Ameise täuschend ähnlich. Erst auf den zweiten Blick verraten die langen Fühler, dass sie den Langfühlerschrecken angehört. Mit einer Größe von etwa zwei Millimetern (rekordverdächtig klein unter den Heuschrecken!) und der gedrungenen Gestalt ist von ihrer Herkunft sonst kaum etwas übrig geblieben. Keine Flügel, kein Gesang und sogar die für Heuschrecken charakteristischen Sprungbeine wirken bei ihr eher knollig als grazil.

Ihren Lebensmittelpunkt hat die Ameisengrille vollständig ins Ameisennest verlagert. Die zwischen Gehwegplatten oder im Rasen lebende Schwarze Wegameise gehört zu den Auserwählten. Um dort nicht aufzufallen, reicht es nicht, auszusehen wie eine Ameise. Sie nimmt auch ihren Geruch an und ahmt ihr Verhalten nach. Statt sich hüpfend fortzubewegen, ordnet sie sich in die Reihen der umherlaufenden Ameisen ein. Nur bei einer Enttarnung entgeht sie als letzte Rettung mit schnellen Bewegungen einem Angriff.

Die Ameisengrille bringt Ameisen zum Würgen!

Nachdem die Unterwanderung des Ameisenstaates geglückt ist, besteht wenig Grund, ihn wieder zu verlassen. Die Ameisengrille lebt von der flüssigen Nahrung, die die Ameisen ohne Unterlass

herbeischaffen. Ein günstiger Moment, um daran zu kommen, ist der Nahrungstausch. Die Ameisen sammeln auf ihren Streifzügen Nahrung, speichern sie in ihrem Kropf und geben es an ihre Nestgenossen weiter. An dem Tausch beteiligt sich die Ameisengrille – sie „vergisst" nur, die Nahrung weiterzugeben und behält sie stattdessen für sich. Ein anderer Weg: Die Ameisengrille bringt die Ameise zum Würgen, indem sie die Bettelsignale der Ameisen nachmacht. Sie braucht nur auf ihren Mundwerkzeugen herumzutrommeln und schon kann sie die frisch gezapfte Nahrung vertilgen. Für die Ameisen ist das eine ärgerliche Situation. Die Ameisengrille erschleicht sich die Nahrung, ohne sich an der harten Arbeit im Nest zu beteiligen. Noch ärgerlicher: Dabei bleibt es nicht. Die Ameisengrille plündert zu allem Überfluss auch die Brutkammer und vertilgt die Ameisenbrut. Und dann legt die Ameisengrille auch noch ihre Eier ins Ameisennest, aus naheliegenden Gründen. Solange man nicht enttarnt wird, ist es eine sichere Festung mit erstklassigem Service.

Schöner wohnen im Körper der Anderen

Sich ins gemachte Nest zu setzen, ist eine beliebte Masche. Immerhin spart es eine Menge Arbeit.

DA ES IM LEBEN wenig Anstrengenderes gibt, als Nachwuchs großzuziehen, ist es nur verständlich, dass der eine oder die andere auf die Idee kommt, diese Aufgabe anderen aufs Auge zu drücken. So verbrecherisch das auch sein mag: Es ist dennoch mit einem gewissen Risiko verbunden. Nehmen Sie nur den Kuckuck, der schlimmstenfalls noch vor dem Schlupf aus dem fremden Nest geschmissen wird, oder den Ameisenbläuling, der nach seiner Verwandlung plötzlich ohne Tarnung im Ameisennest dasteht. Mit deutlich weniger Aufregung wäre das Ganze verbunden, wenn die Opfer sich ihrem Schicksal etwas schneller ergeben würden. Wäre doch gelacht, wenn die tierischen Täter da nichts auf Lager hätten! Wie wäre es zum Beispiel, die Opfer direkt in eine Vorratskammer zu verwandeln?

Die Schlupfwespe – Schurken mit Röntgenblick

Wenn jemand Experte auf diesem Gebiet ist, dann die Schlupfwespe. Bei ihr liegen die kriminellen Gene in der Familie. Weltweit wurden bereits rund 30.000 Arten entdeckt und beschrieben, allein in Deutschland sind es über 3.600. Sie alle sind Parasitoide und begnügen sich als solche nicht wie die Parasiten damit, auf Kosten ihrer Opfer zu leben, sondern töten sie am Ende sogar. Vergleichbar mit Raubtieren, mit einer Einschränkung: Wer Bekanntschaft mit den Schlupfwespen macht (und in ihr Beutespektrum fällt), darf nicht auf ein schnelles Ende hoffen. Dass Schlupfwespen es überhaupt mit ihren Opfern, den Wirtstieren, aufnehmen, ist schon erstaunlich. Denn häufig sind sie in ihrer Körpergröße eindeutig unterlegen. Manche von ihnen messen nur wenige Millimeter und nehmen es mit Giganten (zumindest aus Schlupfwespen-Sicht) auf. Ihr Beutespektrum umfasst die unterschiedlichsten Insekten (und auch andere Tiere, aber dazu an späterer Stelle mehr) – vom Käfer bis zum Schmetterling, vom Ei bis zum erwachsenen Tier. Die erwachsenen Schlupfwespen sind auf den ersten Blick friedliche Gesellen, die sich üblicherweise auf Pflanzen ihre Nahrung suchen und dort Pflanzensäfte oder Honigtau schlürfen. Kriminell wird's erst, wenn es um den Nachwuchs geht. Der begnügt sich nämlich nicht mit pflanzlicher Nahrung.

Schlupfwespen riechen ihre Opfer im Holz!

Manche Schlupfwespen besitzen einen fast unsichtbaren, manche einen richtig großen Legebohrer. Der sieht zwar eindrucksvoll aus, ist aber für uns Menschen (fast) ungefährlich. Da muss man schon richtig Pech haben, ausgerechnet an eine der wenigen Schlupfwespenarten zu geraten, die ihren Legebohrer auch als Wehrstachel einsetzen können und auch die Notwendigkeit dazu sehen. Also seien Sie bitte unbesorgt, wenn Sie Schlupfwespen als neue Nachbarn gewinnen. Es lohnt sich nämlich, sich mal an die Fersen der Tiere zu hängen. Wenn Sie totes Holz im Garten liegen und am besten auch stehen haben (in meinen Augen gibt es kaum eine bessere Strategie, um spannende Naturbeobachtungen vor der Haustür zu garantieren), dann machen Sie es sich dort mal gemütlich. Vielleicht läuft Ihnen die Riesenschlupfwespe über den Weg. Ihr Körper misst locker drei Zentimeter – und ihr Legebohrer legt noch einmal mehr als das Doppelte obendrauf. Im Sommer kommt für sie die Zeit der Eiablage. Dann krabbelt sie über das Holz und durchleuchtet es wie die Flughafen-Security die Koffer der Reisenden.

Mit ihren Fühlern kann sie erriechen, was (oder vielmehr wer) sich tief im Inneren versteckt. Hat sie gefunden, wonach sie gesucht hat, hält sie inne, setzt ihren Bohrer an und versenkt ihn im Holz. Während sie sich um die eigene Körperachse dreht, dringt sie immer weiter in die Tiefe vor, bis sie schließlich auf ihr Ziel, die Larve eines Bockkäfers, trifft. Wie durch ein Rohr rutscht ein Ei durch den Legebohrer bis zum Käfernachwuchs. Die daraus schlüpfende Schlupfwespenlarve frisst sich durch die Käferlarve hindurch, bis schließlich ihre Verwandlung bevorsteht – und das Spiel von vorne beginnt.

Unter Schlupfwespen gibt es sowohl Ektoparasitoide, die von außen an ihrem Wirt fressen, als auch Endoparasitoide, die sich durch den Wirtskörper hindurchfressen als wären sie im Schlaraffenland. Das ist eine erstaunliche Leistung, oder würden Sie sich freiwillig von innen auffressen lassen? Eben. Deswegen besitzen wir Mittel und Wege, das zu verhindern. Das Immunsystem ist zum Beispiel eine richtig tolle Erfindung. Das Problem ist nur: Schlupfwespen sind der Immunabwehr ihrer Wirte mehrere Schritte voraus und überlisten den Schutzmechanismus. Sie platzieren nämlich nicht nur die Eier in deren Körper, sondern direkt auch ein richtig fieses Gebräu. Produziert in den Geschlechtsorganen enthält es neben Proteinen auch Viren. Keine Viren, die den Schlupfwespen schaden. Nein, es sind symbiotische Viren, die ihnen als Helfer dienen und verhindern, dass das Immunsystem des Wirtes die Schlupfwespen-Eier bekämpft. Dadurch machen sie die Kinderstube im Wirtskörper zu einem sicheren Ort. Dass Viren zu weit mehr in der Lage sind, wird sich zu einem späteren Zeitpunkt noch zeigen.

Auch wenn die Lebensweise der Schlupfwespen feinsten Stoff für Schauergeschichten liefert: In der Natur erfüllen sie eine ungemein wichtige Aufgabe. Kommt es bei einer Insektenart zu einer Massenvermehrung, sind die Schlupfwespen zur Stelle. In solchen Situationen können sie eine Parasitierungsgrad von bis zu 90 Prozent erreichen und verweisen die Wirtsart in ihre Schranken.

Die Raupenfliege – wie Kriminelle Wälder schützen

Dass die Schlupfwespen diese Art der kriminellen Lebensweise nicht für sich gepachtet haben, beweisen die Raupenfliegen. Während das schlimmste Verbrechen der allseits bekannten Stubenfliege – einer ihrer weitläufigen Verwandten – darin besteht, mit nervtötender Lautstärke um uns herumzuschwirren, besitzen die Raupenfliegen etwas mehr kriminelle Energie.

Wenn man einmal die Welt der Parasiten betreten hat, begegnen sie einem an jeder Ecke. Kein Wunder, allein von den bisher rund eine Millionen Insektenarten auf unserem Planeten sind Schätzungen zufolge bis zu 25 Prozent zu dieser Lebensweise übergegangen. Da kommt schon was zusammen! Mit den wenigsten von ihnen machen wir aber Bekanntschaft. Bei dem ein oder anderen Parasiten wünsche ich Ihnen das auch nicht. Immerhin haben sie auch für uns Menschen einige Fiesheiten parat. Solche Kandidaten werden uns hier im Buch auch noch begegnen.

Die Raupenfliegen sind für uns hingegen völlig harmlos. Unter ihnen gehört die Breitflügelige Raupenfliege sicherlich zu den schönsten Vertretern. Sie sieht aus wie eine kleine Kugel mit Flügeln dran und ihr gelber Hinterleib leuchtet mit den Blüten um die Wette. Wenn die Breitflügelige Raupenfliege nicht gerade über die blühende Sommerwiese schwirrt, legt sie sich mit Wanzen an. Die hat sie nämlich als Kinderstube für ihre Kleinen auserkoren. Dass sie es noch nicht einmal auf eine Länge von einem Zentimeter bringt, hindert die Fliege nicht daran, einer Wanze ihre Eier anzuhängen. Die daraus schlüpfenden Fliegenlarven bohren sich in die Wanze hinein – Vorratskammer gesichert! Es gibt aber auch Raupenfliegen, die ihre Eier nicht auf, sondern direkt in den Wirten platzieren. Dafür besitzen sie einen Legebohrer, der zwar weit weniger spektakulär wirkt, als das Werkzeug der Schlupfwespen, aber seine Wirkung nicht verfehlt.

Allerdings bereiten nicht alle Raupenfliegen mit so viel Fürsorge den Weg für ihren Nachwuchs. Bei der Igelfliege ist Selbstständigkeit

angesagt. Die Fliegenmutter leistet lediglich mit der Wahl des Eiablage-Orts eine Starthilfe. Sie schaut sich die Pflanzen genau an und wählt die aus, an denen Fraßspuren die Anwesenheit von Schmetterlingsraupen verraten. Nach ihrem Schlupf aus dem Ei verharren die Larven reglos auf der Pflanze und warten. Solange, bis ihnen eine Schmetterlingsraupe über den Weg läuft. Auf die stürzen sie sich dann und bohren sich mithilfe der Mundwerkzeuge in ihr Inneres. Die Fliegenlarven leben fortan in den Schmetterlingsraupen, halten aber Kontakt zur Außenwelt. Auf diesem Weg versorgen sie sich mit Frischluft. Nachdem sie sich anfangs noch mit den Körperflüssigkeiten begnügt haben, fressen die Larven am Ende ihres Larvenlebens auch die lebenswichtigen Organe des Wirts und besiegeln damit den Tod ihres Opfers.

Die Igelfliege ist eine von über 500 Raupenfliegenarten in Deutschland!

Dank ihrer Lebensweise erfreuen sich Raupenfliegen in der Land- und Forstwirtschaft einer gewissen Beliebtheit. Dort rücken sie nämlich den Insekten auf die Pelle, die sich etwa an Getreide oder Bäumen gütlich tun. Wie die Schlupfwespen haben sie eine wichtige Stellung innerhalb des Beziehungsgefüges in der Natur. Das Gefüge bringen wir Menschen allerdings in steter Regelmäßigkeit ins Wanken. Zum Beispiel als der Schwammspinner, ein Nachtfalter, dessen Raupen in der Forstwirtschaft für ihren Appetit berüchtigt sind, nach Nordamerika gebracht wurde. Normalerweise sind die Verantwortlichen für solche Ereignisse schwer auszumachen. In diesem Fall ist das anders. Es war Étienne Léopold Trouvelot, ein Franzose, der neben der Astronomie auch eine Leidenschaft für Insektenkunde hegte. Leider, muss man heute wohl sagen. Denn als er nach Nordamerika zog, startete er dort eine Seidenraupenzucht. Die dort heimischen Raupen lieferten für seinen Geschmack zu wenig Seide, weshalb er aus Europa Schwammspinner importierte. Das Unvermeidliche geschah: Den Faltern gelang die Flucht in die Natur und damit begann ihr Siegeszug durch die nordamerikanischen Wälder. Ein zweifelhaftes Vermächtnis, das bis heute Folgen hat. Jedenfalls sind Raupenfliegen eine Lösung für das von Trouvelot verursachte Problem. Die wurden nämlich irgendwann nachgeholt, um die Zahl der Schwammspinner zu zügeln – mit Erfolg.

Die Flussperlmuschel – von Perlen und Parasiten

Sie sind eine Laune der Natur: die Perlen. Die Flussperlmuschel hat einem Eindringling, der ihr weiches Inneres verletzt hat, den Kampf angesagt. Schicht um Schicht formt sie eine Mauer aus Perlmutt um ihn herum, bis daraus schlussendlich eine Perle geworden ist. Mit ihrem Schimmer schmückten Perlen die Kronen von Königen und Kaisern und zeugen in den Vitrinen der Museen von längst vergangenen Zeiten. Ihre Träger haben die Muscheln längst überlebt. Bei uns erreichen sie ein Alter von 100 Jahren, in den kühleren Gewässern Nordeuropas leben sie sogar über 250 Jahre lang. Fast handgroß verrät ihre dicke Schale mit den Jahresringen, vergleichbar mit jenen von Bäumen, ihr Alter.

In früheren Zeiten bildeten die Flussperlmuscheln dichte Bänke, heute ist sie vom Aussterben bedroht. Dabei war der „Perlenrausch" noch ihr kleinstes Problem. Das Bergen des Schatzes war den Herrschenden vorbehalten. Sie erteilten Perlenfischern die Aufgabe, die Muschelschalen behutsam zu öffnen und die Perlen zu entnehmen, ohne den Muschelbeständen zu schaden. Wilderer töteten die Muscheln bei ihren Raubzügen durch die Bäche hingegen häufig und hinterließen Verwüstung. Oft mussten rund 2.000 Perlmuscheln geöffnet werden, um eine einzige geeignete Perle zu finden. Ein Vergehen, was drakonische Strafen ebenso verhindern sollte, wie an den Bächen zur Warnung aufgestellte Galgen und aufgehängte Bilder abgehackter Hände.

Eine Flussperlmuschel kann sich millionenfach vermehren!

Doch erst die Industrialisierung besiegelte den Anfang vom Aussterben der Muscheln. Fabriken leiteten ihre Abwässer in die Lebensräume ein und die Menschen veränderten die Landschaft so grundlegend, dass sich die Lage in den Gewässern zunehmend verschlechterte. Zu allem Überfluss lässt die Klimakrise immer öfter von den Muscheln bewohnte Gewässerabschnitte austrocknen. Doch

Rettet die Parasiten

Lange galten Parasiten als irrelevante Minderheit. Mittlerweile wissen wir: Fast die Hälfte aller bekannten Tierarten auf der Erde sind Parasiten. Und vielleicht unterschätzen wir ihre Zahl damit sogar noch. Denn allein unter den Fadenwürmern ist aktuell höchstens jede zwanzigste Art bekannt. Die Lebensweise der Parasiten gibt uns noch immer Rätsel auf und ihre Bedeutung innerhalb der Ökosysteme ist weitestgehend unerforscht. Bei vielen dieser Rätsel werden wir keine Gelegenheit mehr haben, sie zu lüften. Denn wir befinden uns bereits mitten in einem Aussterben – von ungewissem Ausmaß. Die Studienlage ist dürftig. Es existieren kaum Langzeitdaten, die es ermöglichen, die Bestandsentwicklung der Schmarotzer zu beurteilen. Erst in den letzten Jahren rückt die Erforschung dieser Arten in den Fokus – und gibt Anlass zur Beunruhigung. Forschende gehen davon aus, dass in den nächsten 50 Jahren jede 10. Parasitenart aussterben wird, manche gehen sogar von jeder 3. Art aus.
Die Ursachen dafür sind komplex. Eins lässt sich allerdings bereits mit Sicherheit sagen: Weil Parasiten den Körper eines Wirtes zum Überleben brauchen, sind sie besonders verletzlich. Das Überleben der Parasiten hängt am Überleben ihrer Wirtsarten. Forschende bezeichnen das als das „Paradoxon des gemeinsamen Aussterbens“. Besonders verletzlich sind Parasiten, die innerhalb ihres Lebens gleich eine ganze Reihe von Wirtsarten benötigen. Das haben auch Forschungen in der nordamerikanischen Meeresbucht Puget Sound ergeben. Dort wurden Fische aus naturhistorischen Sammlungen untersucht, die seit dem Jahr 1880 konserviert wurden. Als „Parasiten-Zeitkapseln“ gaben sie Aufschluss über die Bestandsveränderungen der von ihnen lebenden Arten. Mehr als 17.700 Parasiten fanden die Forschenden. Die Hälfte der Arten benötigte drei oder mehr unterschiedliche Wirte – und genau bei diesen Parasitenarten gingen die Populationen stark zurück, mit einer Rate von 10,9 Prozent pro Jahrzehnt.

Die Veränderungen bleiben nicht ohne Folgen. Weniger Mücken, Läuse, Bandwürmer – klingt gar nicht so schlecht. Aber die Wissenschaft beweist, wie wichtig die Existenz solcher Tiere ist. Das Aussterben von Parasiten kann sogar ganze Ökosysteme ins Wanken bringen. Denn sie sorgen wie große Raubtiere dafür, dass es nicht zu Überpopulationen kommt. Und sie verhindern, dass sich wenige gefährliche Parasiten ungebremst zu einem verheerenden Problem ausweiten. Welche Auswirkungen es hat, wenn Parasiten fehlen, können wir schon heute erahnen. Gebietsfremde Arten breiten sich in etlichen Ecken der Welt ungehindert aus – zumindest solange, bis die natürlichen Gegenspieler ihnen Einhalt gebieten.

zu ihrem Glück gibt es Menschen, die sich ihrem Schutz verschrieben haben. Die Flussperlmuschel vor dem Aussterben zu retten, ist allerdings kein leichtes Unterfangen. Sie ist nicht nur auf saubere Gewässer angewiesen, sie braucht auch Unterstützung von tierischer Seite. Wenngleich diese nicht auf Freiwilligkeit beruht. Denn die Flussperlmuschel ist, Sie ahnen es bestimmt schon, ein Parasit.

Mehr als eine Dekade vergeht, bis die Flussperlmuschel bereit ist für die Fortpflanzung. Das Leben von Muscheln verläuft ohne Aufregungen. Sie bleibt nämlich jahrzehnte- oder sogar jahrhundertelang an Ort und Stelle. Da bildet auch der Muschelsex keine Ausnahme. Ihren Partner bekommt sie in der Regel gar nicht zu Gesicht (also, wenn Muscheln gucken könnten). Die Atmung, die Ernährung und auch der Sex finden auf dem Wasserweg statt. Die Flussperlmuschel ist eine Filtriererin – sie sucht nicht nach Nahrung, sondern lässt sich diese einfach von der Strömung liefern. Mit dem Wasser nimmt sie winzige organische Teilchen auf. Auf dem gleichen Weg erreichen sie im Frühsommer auch die von den männlichen Muscheln abgegebenen Spermien. Eine anonyme Samenspende nach dem Zufallsprinzip sozusagen und die Voraussetzung für die Befruchtung ihrer Eizellen. Aus denen wachsen, geschützt zwischen ihren Schalen, Muschellarven heran. Die sind winzigklein, 0,05 Millimeter, und erreichen damit noch nicht einmal die Länge eines menschlichen Spermiums oder (falls Sie sich darunter mehr vorstellen können) die Dicke eines handelsüblichen Papierblattes.

Eine einzige Muschel kann im Jahr mehrere Millionen dieser Larven produzieren und schickt sie auf den Weg ins freie Wasser. Dort warten Fische – in Mitteleuropa Bachforellen, in Nordeuropa auch Lachse – und machen sich über die Larven her. Schlimm ist das aber nicht, ganz im Gegenteil, denn genau darauf haben es die Muschellarven abgesehen. Bereits bewaffnet mit zwei mit Haken versehenen Muschelschalen lassen sie sich in die Kiemen der Forelle tragen. Dort schnappen die Schalen zu und verankern die Larven im Kiemengewebe. Das wächst über sie drüber, als wollte es sie verschlucken und dient ihnen fast ein Jahr lang als Heimat. Eine unangenehme Vorstellung, auch wenn den Fischen dabei scheinbar kein nennenswerter Schaden entsteht.

Die Larven verzehnfachen ihre Größe bis im späten Frühling des nächsten Jahres Miniatur-Muscheln aus ihnen geworden sind. Erst dann endet ihr Leben als Parasiten, sie fallen ab und die Forelle hat ihre Kiemen wieder für sich. Mehrere Jahre werden sie eingegraben im Bachbett verbringen. Eine kritische Lebensphase in unseren unter Verschlammung leidenden Gewässern. Etwa fünf Jahre später erscheinen sie mehrere Zentimeter groß an der Oberfläche des Bachbetts und beginnen ihre Arbeit als Filtriererinnen – damit leisten sie selbst einen wertvollen Beitrag zur Reinigung des Wassers.

Wenn die Vorratskammer lebt

„Wenn der Prophet nicht zum Berg kommt …“, dachten sich wohl die Vertreter des letzten Kapitels.

OB SCHLUPFWESPE ODER FLUSSPERLMUSCHEL – sie besitzen keine Vorratskammern, von denen ihre Nachkommen in der ersten Lebenszeit zehren könnten. Stattdessen verwandeln sie ihre Wirte in lebende Vorräte. Das bietet durchaus logistische Vorteile. Immerhin braucht man sich so nicht mehr um den Bau von Vorratskammern kümmern, wenn die Körperhülle eines anderen Tieres diese Aufgabe erfüllt. Allerdings ist damit auch ein gravierender Nachteil verbunden: Nur ein Tier, eben das, was zur Eiablage ausgewählt wurde, spendiert die Verpflegung. Das kann knapp werden, wenn der Hunger mal etwas größer ausfällt.

Der Bienenwolf – Wolf im Bienenpelz

Der Name verheißt nichts Gutes. Wo der Bienenwolf jagt, sollten Bienen auf der Hut sein. Wie eine Überwachungsdrohne schwebt der Bienenwolf über der Wiese, auf der sich Blüten drängen wie auf einer kitschigen Tapete. Genau genommen handelt es sich bei dem Wolf um eine Wölfin: das Bienenwolf-Weibchen. Sie hat im Flug eine Biene entdeckt. Noch ahnt die Blütenbesucherin nichts von der Gefahr über ihr. Ein kurzes Hin- und Herruckeln, dann hält die Jägerin im Sturzflug auf die Biene zu.

Die Bienenwölfin hat Schwerstarbeit geleistet. Drei Tage lang hat sie ihr Nest gegraben. Unweit der Wiese liegt es. An dieser Stelle hat der Sand den Kampf gegen die Pflanzen gewonnen. Ihr Bauwerk reicht fast einen Meter weit in den Boden, wo Seitengänge vom Hauptgang abzweigen. Oberirdisch verraten nur kleine Sandhügel die Bauarbeiten.

Kein Entkommen: die tödlichen Waffen der Heuschreckensandwespe.

Noch stehen die Gänge leer. Erwarten Sie keine Gemütlichkeit bei der Einrichtung. Die Bienenwölfin hat es allein auf Fleisch abgesehen – Bienenfleisch. Vor allem auf das der Honigbienen. Kurz zuvor noch in der Luft schwebend, stürzt sie mit tödlicher Präzision auf die Biene zu. Kräftige Beine umklammern sie und lassen keine Gelegenheit zur Flucht. Von der Gegenwehr zu Boden gerissen, spielt sich der Kampf im Dickicht der Wiese statt: Nur wenig größer als die Biene, sticht die Bienenwölfin mit dem Stachel in deren Körper. Wenn Sie nun Mitleid mit der abgestochenen Biene haben, sollten Sie besser überspringen, was nun folgt: denn einen schnellen Tod hat die Biene nicht zu erwarten. Das Gift der Grabwespe lähmt sie nur. Und das mit voller Absicht. Die überwältigte Biene dient nämlich nicht der Bienenwölfin als Mahl, sondern ihren Nachkommen – meistens zumindest.

Die Jägerin schnallt sich ihre Beute unter den Körper, wie ein Zeppelin mit einer zu groß geratenen Gondel. Bauch an Bauch fliegt sie mit ihr Richtung Nest. In dieser Zeit massiert sie mit ihren Beinen den Bienenkörper. Nicht etwa, aus einem morbiden Gefühl der Zuneigung heraus. Nein, sie verteilt das Gift im Körper. Dadurch erreicht es schnell die Beinmuskulatur und betäubt sie, sodass die Beine nicht mehr für Ärger sorgen können. Manchmal legt die Bienenwölfin eine Rast ein, landet auf einer Blüte und drückt auf dem Hinterleib der Biene herum wie auf einem Quetschi. Das Ergebnis ist ähnlich wie bei den mit Fruchtbrei gefüllten Plastikbeuteln: Aus der Honigblase herausgequetscht quillt der eingelagerte Nektar aus dem Bienenmund heraus. Eine willkommene Belohnung für die erfolgreiche Jagd. Die ausgeleerte Hülle lässt die Bienenwölfin achtlos zu Boden fallen. Keine Sorge, die Honigverpackung ist biologisch abbaubar – umwelttechnisch unbedenklich also.

Die nächste Biene ist schnell erbeutet und findet betäubt den Weg in das Bienenwolf-Nest. Dort erwarten sie bereits eine Handvoll weiterer Artgenossinnen, betäubt und aufgehäuft. Für das Bienenwolf-Weibchen steht der nächste Arbeitsschritt bevor: Am Ende des Ganges gräbt sie eine taubeneigroße Brutkammer. Stundenlang prüft sie die Geräumigkeit, vergrößert die Kammer, drückt den Boden fest und glättet den Sand. Bis zu fünf Bienen müssen am Ende in die Kammer passen. Auf eine von ihnen legt das Weibchen ein Ei. Daraus schlüpft nach wenigen Tagen die Larve und lebt inmitten der Bienen wie in der Vorratskammer eines Restaurants (eines dieser hippen Restaurants, bei denen die Gerichte nur aus einer Zutat bestehen). Lebensmittelkont-

rollen sind nicht notwendig. Ich erwähnte es bereits: Die eingelagerten Bienen sind nur gelähmt, nicht getötet. Das Geheimrezept der Bienenwölfe, mit Frischfleisch-Garantie.

Hygiene ist ein Muss, wenn man unterirdische Kinderzimmer mit integrierten Vorratskammern baut. Wer die nicht ernst nimmt, dem steigt bald ein modriger Geruch in die Nase. Ein gutes Hygienekonzept muss her, damit die Kinder ihre teils monatelange Entwicklung unbeschadet überstehen. Zur Verhinderung von Schimmelbildung besitzen Bienenwölfe gleich zwei Geheimwaffen: Die Eier geben Stickstoffmonoxid ab. Genau, das Gas, was auch aus dem Auspuff qualmt. Das Zeug ist nicht nur schädlich für unsere Atemwege, es tötet in den Bienenwolf-Nestern auch alle Keime, die Krankheiten auslösen könnten. Das Problem: Auch die Bienenwolf-Mutter hat vorgesorgt und die Brutkammer direkt mit einer integrierten Apotheke ausgestattet. In ihren Antennen hat sie ein Gemisch aus 49 (!) verschiedenen Bakterien hergestellt. Die stellen wiederum Antibiotika her, die die Sprösslinge vor Schimmelpilzen schützen sollen. Blöd nur, dass Stickstoffmonoxid auch die Bakterien schädigt. Die Lösung: Die Bienenwolf-Mutter hat über ihre Antennen auch Kohlenwasserstoffe abgegeben. Diese dienen als schützende Barriere gegen das giftige Gas. Ein Happy End also, wenngleich nicht für die Bienen.

Schimmel hat hier keine Chance!

Der Langhals-Schabenjäger – eine Schabe an der Leine

Lebende Vorratskammern aus betäubten Beutetieren anzulegen, ist doch ein starkes Stück. Ein Verwandter des Bienenwolfes hat das gehört und ruft laut: „Hold my beer!“

Der Langhals-Schabenjäger macht seinem Namen alle Ehre. Und damit meine ich noch nicht einmal seinen Hals. Zugegeben,

Der Bienenwolf begräbt seine Opfer lebendig.

der ist lang, wenn auch nicht rekordverdächtig (Kamelhals-lang beansprucht bereits die Kamelhalsfliege für sich). Schaben jagen kann er aber wie kein Zweiter. So wie sich der Bienenwolf Bienen als Vorrat ausgesucht hat, hat sich der Schabenjäger Schaben ausgesucht. War nicht seine beste Idee – das sollte man zumindest meinen, wenn man die beiden nebeneinander sieht. Die Schaben nehmen es nicht nur locker in der Länge mit ihrem Angreifer auf, sie wirken gegenüber dem Schabenjäger auch wie ein Bodybuilder neben einem Kampfsportler aus der Kindermannschaft. Der Schabenjäger musste sich also was einfallen lassen. Das hat er geschafft, ganz zur Freude der Menschen: Die Grabwespen aus der Gattung Ampulex, in die sich auch unser heimischer Langhals-Schabenjäger einreiht, sind die geborenen Kammerjäger. Klar, dass es nur eine Frage der Zeit war, bis jemand da-

Schornsteinwespe – der Name ist Programm.

rin ein Geschäft witterte. Sie ahnen es: Arten, die auch in Häusern auf die Schabenjagd gehen, wurden kurzerhand zur „Schädlingsbekämpfung" überall dorthin gebracht, wo sie eben gerade gebraucht werden.

Aber zurück zur Frage, wie es der nur einen halben Zentimeter lange Langhals-Schabenjäger mit einer deutlich massigeren Schabe aufnimmt. Das herauszufinden, war auch für Naturforscher eine knifflige Aufgabe. Der Schabenjäger verbringt sein Leben nämlich in der Rinde von Bäumen oder innerhalb von Hohlräumen im Holz – erforschen Sie da mal die Lebensweise des Winzlings!

Eine Grabwespe als Kammerjäger

Seine Lösung: Der Schabenjäger überlistet die Schabe mit seiner Schnelligkeit. Mithilfe der kräftigen Mundwerkzeuge packt er sie am Halsschild. In diesem Zwangsgriff bohrt er seinen Stachel in den Schabenkörper. Zielgerichtet nutzt der Schabenjäger die Schwachstellen an den Gelenken, wo die Rüstung seiner Beute Lücken aufweist. Der Stich paralysiert die Schabe. Doch wie kommt der übergroße Fang nun in die Vorratskammer? Die Strategie des Bienenwolfes ist beim Schabenjäger zum Scheitern verurteilt. Obgleich der Schabenjäger fliegen kann, ist ihm der Transport einer Schabe doch unmöglich. Also zwingt er seine Beute zur Mithilfe: Der Jäger beißt der Schabe einen Fühler ab und führt sie an dem anderen Fühler wie an einer Leine ab. Der Schabenjäger hat sozusagen das Steuerungssystem der Schabe übernommen und kontrolliert, wohin sie sich bewegt. Mit der Schabe im Schlepptau kehrt er so problemlos und ohne Gegenwehr seines Opfers zurück ins Bauminnere. Dort eingelagert und mit einem Ei bestückt, dient sie als lebende Vorratskammer für seinen Nachwuchs. Keine Woche vergeht, bis aus dem Ei die Larve des Schabenjägers schlüpft und der kleine Parasitoid mit seinem Heranwachsen das Leben aus der Schabe heraussaugt.

Der Maulwurf – Köpfung mit Happy End

„Blind wie ein Maulwurf" zu sein, lässt nicht gerade einen erfolgreichen Jäger vermuten, oder? Der Maulwurf beweist das Gegenteil. Um einmal mit dem Gerücht aufzuräumen: Der Maulwurf ist gar nicht blind. Seine kleinen Augen sind zwar im dichten Pelz kaum auszumachen, unterscheiden aber immerhin zwischen Hell und Dunkel. Mehr braucht es ohnehin nicht, denn im Tunnelsystem ist es stockfinster. Bei der Jagd verlässt sich der Maulwurf deswegen vorwiegend auf andere Sinne. Seiner Beute kommt er tastend, riechend und hörend auf die Spur.

Ganz weit oben auf seiner Speisekarten stehen Regenwürmer. In „Maikäferjahren" rücken schon mal die Käfer und deren Larven an die Spitze. Mit zwei Strategien erbeutet der Maulwurf die im Boden lebenden Tiere: entweder er gräbt sie gezielt aus oder er sammelt sie auf. Praktischerweise dienen die Tunnel nämlich nicht nur zur unterirdischen Fortbewegung, sondern gleichzeitig auch als Gru-

Regenwürmer spüren die nahende Gefahr.

benfallen. Jeder Regenwurm, der sich durch das Erdreich wühlt, läuft unweigerlich Gefahr, in den Tunnel zu stürzen und damit dem Maulwurf direkt vor die Nase.

Der Maulwurf versetzt die Regenwürmer mit seiner Graberei in Angst und Schrecken. (Das nutzen übrigens Vögel aus, die auf dem Boden herumtrampeln und durch die Erschütterungen Regenwürmer aus dem Boden locken. Die denken nämlich, der Maulwurf ist hinter ihnen her, und flüchten sich ans Tageslicht – geradewegs in den Vogelschnabel.) Die kriminelle Ader kommt bei Herrn Grabowski erst mit der kalten Jahreszeit zum Vorschein. Vielleicht hat er es sich von seinem Nachbarn, dem Feldhamster, abgeschaut: Er legt Vorräte an. Der Maulwurf lagert aber statt Getreidekörnern und Hülsenfrüchten lieber Regenwürmer ein. Das Problem: Er muss irgendwie sicherstellen, dass die gefangenen Würmer an Ort und Stelle bleiben. Sie tot einzulagern, scheidet leider aus. Fleisch hat schlichtweg den Nachteil, dass es wahnsinnig schnell gammelig wird und das kann der Maulwurf

Über 2 kg Regenwürmer kann der Maulwurf einkellern!

wirklich nicht gebrauchen. Stellen Sie sich nur mal den Gestank in seinem Tunnelsystem vor! Die Regenwürmer lebendig einzulagern, kommt allerdings auch nicht infrage. Da könnte der Maulwurf noch so geschickt den Eingang zur Vorratskammer zumauern – die Würmer würden sich einfach in die Freiheit graben.

Vögel imitieren Maulwürfe

Nur ein arglistiger Plan kann den Gefängnisausbruch verhindern: Der Maulwurf muss seine Beute ruhigstellen. Sein Vorgehen ist nichts für schwache Nerven: Der Maulwurf zerbeißt den Würmern den Kopf! Durch die Verwundung der ersten Kopfsegmente sind sie unfähig fortzukriechen. Nun steht der Einlagerung nichts mehr im Weg. Entweder türmt der Maulwurf die Regenwürmer ordentlich in der dafür vorgesehenen Vorratskammer auf oder er drückt sie einfach irgendwo in seinen Gängen in die Wand hinein. Der Fleischturm kann beträchtliche Ausmaße annehmen: Über zwei Kilogramm Regenwürmer wurden schon in den Vorratskammern entdeckt – da müssen die Forschenden nicht schlecht gestaunt haben!

Übrigens: Es gibt noch einen entscheidenden Unterschied zwischen der Vorratshaltung von Maulwurf und Feldhamster. Der Feldhamster überlebt den Winter nicht ohne eine gut gefüllte Vorratskammer. Beim Maulwurf sieht das anders aus – zumindest bei unseren mitteleuropäischen Gesellen. Gerade im Winter lassen sich die wenig mobilen Regenwürmer leicht ausgraben. Scheinbar so leicht, dass der Maulwurf den Überschuss an Würmern nutzt, um für etwaige Engpässe vorzusorgen. Falls die Nahrung im Winter doch noch knapp wird, kann er sich einfach an seinen Vorräten bedienen. Ganz schön grausam, die Regenwürmer im Zweifel umsonst sterben zu lassen? Zu ihrem Glück gibt es ein unerwartetes Happy End: Wer nicht gefressen wird, ist gerettet. Der zerbissene Kopf der Regenwürmer verheilt mit der Zeit und ermöglicht ihnen im Frühling die Flucht.

Schnipp Schnapp Körperteil ab

Der Tatbestand der Körperverletzung ist in der Natur so weit verbreitet, dass er eigentlich gar nicht mehr der Rede wert ist.

DEM SCHICKSAL „Fressen und gefressen werden" müssen fast alle Tiere ins Auge blicken. Dennoch möchte ich an dieser Stelle zwei Kriminalfälle mit besonderer Kuriosität vorstellen..

Die Schwarze Wegameise – Tierhaltung auf Bäumen

Die Machenschaften des Maulwurfs führen uns direkt zur Schwarzen Wegameise. Bei der Erfüllung ihrer kulinarischen Vorlieben schreckt auch sie vor Körperverletzung nicht zurück. Die Wegameise hat es nicht nur auf proteinreiche Insekten abgesehen, sie isst auch für ihr Leben gerne Süßes. Deswegen sieht man die Ameise oft an der Seite von Blattläusen. Nicht, weil sie es auf die Blattläuse abgesehen hat - zumindest nicht im „Um-die-Ecke-bringen"-Sinn. Nein, sie will an deren Ausscheidungen.

Wer sein Fahrrad oder Auto in der warmen Jahreszeit mal unter einem Baum geparkt hat, auf dem eine Blattlauskolonie wohnt, ist mit dem klebrigen Film schon in Kontakt gekommen. Die Blattläuse zapfen die Pflanzen an, um deren Saft zu schlürfen. Dabei haben sie es allein auf die enthaltenen Proteine abgesehen - den Zucker pullern sie mitsamt der Flüssigkeit wieder aus. Das Ergebnis: zuckersüßer Honigtau. Dem ist die Schwarze Wegameise auf die Spur gekommen und treibt sich deshalb ständig in der Nähe der Honigtau-Produzenten herum. Statt einfach drauf zu warten, bis die Läuse den Honigtau ausscheiden, betrillert die Ameise sie: Sie trommelt solange mit dem Fühler auf ihrem Körper herum, bis ein glänzender Tropfen an ihrem Hinterteil erscheint. Aber die Wegameise melkt nicht nur Blattläuse, denen sie zufällig begegnet. Sie perfektioniert die Nahrungsverfügbarkeit, indem sie die Blattläuse in einen „Freiland-Stall" sperrt und gut bewacht.

Auf den ersten Blick ist das für die Blattläuse kein schlechtes Zusammenleben. Zwar stelle ich es mir etwas nervtötend vor, ständig zum Honigtau-Lassen gedrängt zu werden. Doch immerhin sorgen die Ameisen für einen Rundum-Service: Sie verteidigen ihre Tiere gegen Feinde. Und wenn der Pflanzensaft versiegt, organisieren sie den Transport zu einer anderen Pflanze. Auf den zweiten Blick ist das Zusammenleben jedoch weit weniger harmonisch. Was nun folgt, ist mit Körperverletzung noch sehr wohlwollend umschrieben.

Die Ameisen greifen zu rabiaten Mitteln, um ihre Honigtau-Quelle nicht zu verlieren. Da ist von Blattlausliebe nichts mehr zu merken. Die Harmonie ist nur solange gesichert, bis die Blattläuse Flügel bekommen. Das geschieht normalerweise im Sommer. Dann tritt eine geflügelte Generation auf den Plan, die für die letzte Eiablage im Jahr eine neue Pflanze aufsucht. In stressigen Situationen geschieht das schon früher, zum Beispiel, wenn die Nahrung knapp

Das Ende eines friedvollen Zusammenlebens.

wird oder ein Marienkäfer die Kolonie vertilgt. Um das zu verhindern, ist den Ameisen jedes Mittel recht. Zunächst zaubern sie einen „Gifttrank“ aus der Schublade. Der verhindert das Flügelwachstum der Blattläuse. Das soll nicht der einzige Giftangriff bleiben: Über ihre Füße geben die Ameise eine wahre Wundersubstanz ab und verteilen sie auf der Pflanze. Von der Ameisen-Droge leicht sediert, kommen die Blattläuse nur noch in Zeitlupe voran! Und wenn das alles nichts hilft, scheuen die Ameisen auch vor Verstümmelung nicht zurück, um die Blattläuse an der Flucht zu hindern. Kurzerhand beißen sie ihnen die Flügel ab!

Das Meerneunauge – Strandausflug mit Blutsaugern

Auf Wanderungen mit meinem Mann gibt es ein wiederkehrendes Thema: die Gefahren von Stillgewässern. Während ich mich im Wasser tummle, steht er am Ufer und berichtet über die Ungeheuer in Tümpeln und Teichen. Und was soll ich sagen, er hat recht. Vor ein paar Jahren war ich in einem solchen Gewässer gerade dabei, nach Kammmolchen Ausschau zu halten (eine gefährdete Molchart, die für ihr drachenähnliches Paarungskleid bekannt ist). Mein Mann dachte währenddessen laut darüber nach, ob unter den zahlreichen in Deutschland ausgesetzten Tieren wohl auch Zigarettenhaie wären. Zwar würde der Hai als Salzwasserbewohner nicht in diesem Tümpel überleben, doch der Gedanke an den „cookiecutter shark“ ließ mir doch einen Schauer über den Rücken laufen.

Den englischen Namen verdankt der Hai der Eigenheit, seinen Opfern runde, 2-Euro-Münzen große Fleischstücke aus dem Körper zu beißen. Normalerweise trifft es Robben, Wale und dergleichen, doch auch Taucher und Schiffbrüchige hat der Hai schon angeknabbert. Angesichts seines im Verhältnis zum kurzen Körper absurd großen Maules und einer Beißleiste, die jeder Säge Konkurrenz macht, war ich doch froh darüber, statt in den tropischen Meeren in einem harmlosen Tümpel zu stehen. Aber auch nur bis zu dem Moment, in dem ein über 10 Zentimeter langer Egel mit schlängelnden Bewegungen auf mich zuschwamm und es sich auf meinem Bein gemütlich machte.

Glauben Sie mir, so schnell war ich noch nie aus dem Wasser raus. Die Kammmolche haben bei dieser Aufregung natürlich das Weite gesucht und zu allem Überfluss war sie vollkommen unberechtigt. Der Egel, ein Pferdeegel genau genommen, war zwar auf der Jagd, hatte es aber eher auf den Nachwuchs der Kammmolche abgesehen als auf mich. Ich bin übrigens nicht die erste Person, die dem Pferdegel Unrecht getan hat. Allein sein Name ist Beweis für eine Reihe von Missverständnissen. Auf Pferde hat er es nämlich genauso wenig abgesehen – im Gegensatz zum im Mittelmeerraum beheimateten Rossegel, der ihm die Sache angehängt hat. Sein wissenschaftlicher Name „Haemopis sanguisuga“, was so viel heißt wie „blutgieriger Blutsauger“, macht es nicht besser. Nichts für ungut, Egel.

Das ganze Gerede über Fleischbeißer und Blutsauger weckte die Neugierde in mir: Welche Ungeheuer leben wohl in Wahrheit in unseren heimischen Gewässern? Was soll ich sagen, bei dem, was ich da gefunden habe, kann sich der „cookiecutter shark“ warm anziehen!

Neunaugen lebten schon lange vor den Dinosauriern. Rund 360 Millionen Jahre reicht ihre Entwicklung zurück und seitdem haben sie sich kaum verändert. Auch wenn ihre aalähnliche Gestalt anderes vermuten lässt, sind sie keine Fische. Etwas Entscheidendes fehlt ihnen dafür nämlich: ein Ober- und Unterkiefer. Aber lassen Sie sich davon nicht täuschen, die Neunaugen brauchen keinen festen Biss, um ihre Opfer um die Ecke zu bringen.

Das Meerneunauge ist ein gefundenes Fressen für Horror-Schlagzeilen. Fast unbemerkt lebt es in der Nord- und Ostsee. Angriffe auf Menschen sind dabei in die Kategorie „Ups, sorry – war ein Versehen!“ einzustufen. Eigentlich hat es das Meerneunauge nämlich nicht auf Badegäste abgesehen, sondern auf Fische. An denen saugt es sich fest – und das bleibt dann auch erst einmal so. Im Gegensatz zum „cookiecutter shark", der sich ein Stückchen nimmt und wieder verschwindet, werden die Opfer des Neunauges den Angreifer so schnell nicht wieder los. Der ist nämlich dabei, ihr Blut zu saugen und ihnen das Fleisch von den Gräten zu raspeln, während er mit ihnen durchs Meer reist. Nur wer groß und gesund genug ist, kommt mit etwas weniger Gewicht auf der Waage noch einmal davon. Kleine und geschwächte Opfer überleben den Angriff eines Meerneunauges oft nicht.

Neunaugen sind keine Fische – sehen aber so aus

Irgendwann ist es für das Meerneunauge an der Zeit, das Meer zu verlassen. Mit dem Durchschwimmen der Flussmündungen beginnt eine Hunderte Kilometer lange Reise ins Landesinnere. Die Neunaugen ziehen flussaufwärts, um sich an geeigneten Stellen zu versammeln. Der oftmals starken Strömung zum Trotz heben sie im kiesigen Flussbett rund einen Meter lange Laichgruben aus. Dort hinein legt das Neunaugen-Weibchen ihre Eier. Ein Ereignis, das heute selten geworden ist. Das Meerneunauge ist nämlich längst selbst zum Opfer geworden. Begradigung und Befestigung der Flüsse zerstörten vielerorts seine Laichplätze Stauwerke und andere Hindernisse versperren die Wege dorthin und die Verschmutzung des Wassers setzt dem Neunauge zusätzlich zu.

Wo die Neunaugen noch Hochzeit feiern können, schlüpft einige Woche nach der Eiablage der Nachwuchs. Blind und mit dem Aussehen eines Wurmes ausgestattet, vergräbt er sich am Gewässergrund. Nur der Kopf schaut heraus, um aus dem vorbeiströmenden Wasser Nahrung herauszufiltern. Rund fünf Jahre vergehen, bis die jungen Neunaugen abermals ihre Gestalt ändern und ihre erste lange Reise antreten – hinab in die Meere.

Nicht gefressen werden, ist tödlich

Denken Sie einmal an einen Parasiten. Haben Sie eine blutsaugende Zecke vor Augen? Oder einen Bandwurm, der sich durch Ihren Darm schlängelt?

VIELLEICHT EINEN SCHWARM MÜCKEN, der sich an einem lauen Sommerabend auf die nackten Arme seines Opfers stürzt? Parasiten leben auf Kosten anderer Lebewesen. Wir sprechen dabei allerdings nur von artübergreifenden Beziehungen. Leute, die sich von anderen ständig etwas leihen, ohne es zurückzugeben, fallen nicht darunter – zumindest nicht im biologischen Verständnis dieses Begriffes.

Heute assoziieren wir wenig Positives mit den Parasiten. Das war aber nicht immer so. Reisen wir rund zweieinhalbtausend Jahre in der Weltgeschichte zurück, begegnen wir dem Philosophen Platon. Vielleicht auf einem Marktplatz oder in einer Latrine. In diesen Großraumtoiletten verrichtete die antike Bevölkerung nicht nur ihre Geschäfte, sondern führte in Ermangelung an Privatsphäre auch rege Gespräche. Hygiene hatte damals einen weitaus geringeren Stellenwert, als uns der romantische Blick auf dieses Zeitalter lange glauben ließ. Die Latrinen waren ebenso wie die prunkvoll wirkenden Thermen ein Sammelbecken für Parasiten. Bei der Untersuchung archäologischer Stuhlproben stieß man (ich hoffe ehrlich, der Geruch hat sich über die Jahrtausende verflüchtigt) sogar auf einen Rekordhalter unter den Parasiten: *Diphyllobothrium latum*, der Fischbandwurm, lebt in den menschlichen Gedärmen wie Gott in Griechenland und wächst dank des stets reich gedeckten Tisches bis zu einer Länge von 20 Metern heran. Wenn Sie nun auf Entwarnung warten, muss ich Sie enttäuschen. Der Fischbandwurm hat mit Erfolg seine (Darm-)Nische besetzt und lebt bis heute an unserer Seite. Dank der Übertragung über rohen Fisch findet er an Orten besonders viele Opfer, wo die entsprechenden kulinarischen Vorlieben ihm in die Karten spielen.

Doch wir schweifen ab! Zurück zu Platon, der in der Latrine sitzend durchaus wohlwollende Worte für den *parásito* übrig hatte. Sicherlich nicht für den Fischbandwurm im Speziellen, sondern vielmehr für die menschlichen *parásitos*. Ursprünglich war dieser Begriff nämlich Menschen vorbehalten, die stellvertretend für die Gemeinschaft an Opfermalen teilnahmen und dort auf ihre Kosten speisten. Später kam er auch Günstlingen zu, die wohlhabende Menschen umgarnten und sich von ihnen aushalten ließen.

Ihrem Einfallsreichtum sei Dank ernten auch die Parasiten des Tierreichs neben Ekel und Unbehagen ein gewisses Maß an Anerkennung. Schließlich ist es ihnen gelungen, sich an extreme Umgebungen anzupassen (versuchen Sie mal, in Darmwindungen gequetscht und mit Magensäure überspült, zu überleben!). Diese Anpassung hat bei so manchem Parasiten für ein bizarres Erscheinungsbild und fast schon verstörend hinterlistige Verhaltensweisen gesorgt. Sie lassen ihre Opfer aussehen wie den ultimativen Leckerbissen, zwingen sie mit einer Gehirnwäsche in den Suizid oder machen sie durch Manipulation zu ihren Bodyguards. Die Wirte holen im Angesicht dieser Angriffe selbstverständlich zum Gegenschlag aus und so befinden sich Parasiten und Wirte in einem evolutionären Wettlauf, den keine Seite gewinnt. Hervorgebracht hat er Lebewesen, die nicht durch ein prunkvolles Federkleid oder einen melodiösen Gesang punkten, sondern andere Fähigkeiten entwickelt haben. Unserer ehrlicherweise recht eingeschränkten Wahrnehmung entgehen diese Meisterleistungen allzu leicht. Werfen wir also einmal einen genaueren Blick hinein in die Gehirne und Darmwindungen der Opfer.

Der Kleine Leberegel – vom Kuhfladen ins Ameisenhirn

Fest schließt sich die Kuhzunge um das Grasbüschel. Unbemerkt befördert ihre Besitzerin damit auch eine Ameise in ihren Verdauungstrakt. Gesteuert von einem Parasiten klammerte sich die blinde

Passagierin bereits seit Stunden am Grashalm fest. Wie sie in diese ausweglose Situation geraten ist? Das war ein langer Weg und nur möglich durch eines der ausgeklügeltsten Manipulationsmanöver in unserer Natur.

Bei dem Parasiten handelt es sich um den Kleinen Leberegel. Kaum mehr als einen Zentimeter lang lebt der Wurm in der Leber von Pflanzenfressern. Bei der Wahl seiner Wirte ist der Leberegel nicht wählerisch: Neben Kühen begnügt er sich ebenso mit Schafen und Pferden, Hirschen und Hasen. Sogar beim Menschen wurde er schon gefunden. Allerdings handelt es sich dabei um einen Irrweg, der nicht im Sinne des Parasiten ist und für uns kaum Folgen hat.

Das Leben in den Gedärmen könnte so schön sein, wenn da nicht ein existenzielles Problem bestünde: Die Partnerwahl ist stark eingeschränkt und spätestens mit dem Tod der Kuh stirbt auch der Wurm, und noch viel schlimmer: Seine Gene gehen verloren. Deshalb muss der Leberegel ein riskantes Unterfangen wagen und den Schutz des Kuhkörpers verlassen. Dafür schickt der Leberegel seine Eier auf eine Reise. Feiner als Mehlkörner durchlaufen sie den Darmtrakt und ein Platschen verkündet schließlich: Sie haben ihren ersten Zwischenhalt erreicht. Gebettet in den noch warmen Kuhfladen beginnt auf der Wiese das Warten auf den ersten Zwischenwirt.

Ansteckender Schneckenschnodder

Eine Schnecke hat das Mahl gewittert und gleitet auf ihrem Schleimfilm Richtung Kuhfladen. Mit Vorliebe ernährt sie sich von verrottenden Pflanzen, da kommt der Pflanzenfresserkot wie gerufen. Unwissend nimmt sie mit dem Kot auch die Eier des Leberegels auf, die in ihrem Inneren mit der Entwicklung loslegen. Die Eier verwandeln sich zu mit Schwänzen ausgestatteten Larven und wandern in die Atemhöhlen der Schnecken. Rasch verursachen die Eindringlinge unangenehme Erkältungssymptome. Fester Schleim umschließt die Larven. Bald darauf regen sich bei der Schnecke die ersten Nieser und schleudern einen kleinen Schleimballen nach dem nächsten mitsamt Hunderter Larven aus dem Atemloch heraus. Nur einen Millimeter klein kleben die Ballen aneinander, man könnte sie fast für das Eigelege der Schnecke halten.

Ameisen haben zwei Mägen

Die Schleimballen lockt eine Waldameisen an, die sich mit Begeisterung über das Festmahl hermacht. Soziale Insekten wie die Ameisen besitzen ein bestimmtes Organ, um Nahrung ins Nest zu transportieren. Aus diesem Grund haben Ameisen zwei Mägen: einen Sozialmagen und einen dahinter liegenden Magen, in dem die Verdauung stattfindet. Im Sozialmagen bringen sie die Nahrung zu ihren Artgenossen und teilen sie mit ihnen. Bis sie dort angekommen ist, wird sich der Großteil der gefressenen Schleimballen aber bereits verflüchtigt haben. Denn die Leberegel-Larven bohren sich aus dem Sozialmagen heraus, um ihre Reise durch den Ameisenkörper fortzusetzen. Anschließend verschließen sie die Verletzungen übrigens wieder. Denn sie haben es nicht darauf abgesehen, ihrem Zwischenwirt zu schaden. Nicht aus Gnade, sondern aus Eigennutz. Die Ameisen haben noch eine wichtige Aufgabe zu erledigen. Ein vorzeitiges Ableben würde dem nur im Wege stehen.

Vom Blut getragen, wandern die Larven gemeinsam bis in den Kopf. Ihr Ziel: das Ameisenhirn. Eine der Parasitenlarven dringt in das Unterschlundganglion ein, den Teil des Gehirns, der für die Steuerung der Mundwerkzeuge zuständig ist. Dieser „Hirnwurm“ übernimmt die Oberhand im Ameisenkopf, während seine Geschwister den Rückweg in den Hinterleib der Ameise antreten. Dort legen sie sich eine schützende Hülle zu und warten auf ihren Einsatz.

Rund zwei Monate vergehen, bis die Larven in ihren Hüllen infektionsfähig und bereit für den nächsten Schritt sind. Zu dieser Zeit setzt bei der Ameise eine erstaunliche Verhaltensänderung ein. Während ihre Artgenossen mit dem Einbruch der Dunkelheit den Heimweg antreten, um den Schutz des Nestes aufzusuchen, befindet sie sich auf Abwegen. Ferngesteuert von dem Hirnwurm, erklimmt sie wie eine Schlafwandlerin die Spitze eines Grashalmes. Gekonnt dreht der Wurm genau an den Schrauben im Hirn, die für die Steuerung der Mundwerkzeuge zuständig sind. Dort löst er einen Krampf aus, der die Ameise dazu verdammt, sich im Grashalm festzubeißen und wehrlos ihrem Schicksal entgegenzublicken (ich erspare uns ausnahmsweise Wortwitze mit „ins Gras beißen“). Der Parasit braucht sich nun einfach auf den unermüdlichen Appetit seiner nächsten Endwirte verlassen und sich mitsamt dem Grünzeug an sein Ziel bringen lassen: die Leber der Kuh.

Heben Sie gerade skeptisch die Augenbraue und wundern sich über die Leichtigkeit, mit der der Parasit schlussendlich sein Ziel erreicht hat? Dass sich die Ameise genau auf dem richtigen Grashalm platziert hat (Pardon, platziert wurde), um wenige Stunden darauf gefressen zu werden, ist doch reichlich unwahrscheinlich. Wo Sie recht haben, haben Sie recht. Die Wege von grasenden Dickhäutern sind zum Leidwesen des Leberegels unergründlich. Eine Lösung muss her! Wie wäre es, die Ameise einfach so lange an dem Grashalm hängen zu lassen, bis eine Kuh vorbeikommt? Keine schlechte Idee, doch sie scheidet leider aus zweierlei Gründen aus. Der eine Grund: Ohne Nahrung würde die Ameise nicht lange durchhalten. Schlecht für die Ameise, und an der Stelle wichtiger, schlecht für den Leberegel. Doch zum Hungertod würde es wohl ohnehin nicht kommen. Denn der weitaus dringlichere Grund ist: Sobald die Sonne am Morgen über den Horizont klettert, heizt sie die Ameise, die wie ein Ritter in ihrem dunklen Chitinpanzer steckt, auf. Das ist nicht angenehm für die Ameise und vor allem: tödlich für den Parasiten. Da hilft nur eins: Die Ameise muss schleunigst runter vom Grashalm. Deshalb löst der Hirnwurm mit den steigenden Temperaturen am Morgen den Kieferkrampf, die Ameise kehrt zurück zu den Artgenossen, die die Nacht im Nest verschlafen haben, und geht ihren Arbeiten nach, als wäre nichts gewesen. Erst am Abend übernimmt der Leberegel wieder die Oberhand im Hirn und navigiert die Ameise zurück zu ihrem Schlafplatz. Ihr Schicksal ist besiegelt: Wie ein Paternoster geht es allabendlich auf den Grashalm rauf und allmorgendlich wieder runter – bis dass der Tod den Kreislauf beendet. Und den ereilt die Ameise hoffentlich im Kuhmagen, zumindest, wenn es nach dem Parasiten geht.

Dort angekommen findet die Ameise ihre letzte Ruhestätte in der Magensäure (nun ja, genau genommen im Kuhfladen auf der Wiese, aber wir wollen nicht kleinlich sein). Weitaus erstaunlicher als die Entbehrlichkeit des Zwischenwirtes: Auch der Hirnwurm stirbt im Säurebad wie das Opfer eines übergründlichen Serienkillers. Ohne den Schutz der Hülle, wie ihn seine Geschwister besitzen, hat er keine Chance. Ein schlechter Lohn für das Übernehmen der verantwortungsvollen Aufgabe? Zugegeben, es muss schon ärgerlich sein, nach der langen Reise durch Gedärme, Kuhfladen und Schneckenrotz einfach kurz vor dem Ziel abzuschmieren. Denn was soll das alles gebracht haben, ohne die Aussichten, sich zu vermehren und seine Erfolgs-Gene an die nächste Generation weiterzugeben? „Selbstlosigkeit ist ausgereifter Egoismus!" Diese Worte wurden dem Schriftsteller Oscar Wilde zugeordnet. Mit seiner Kritik am Altruismus richtete er sich zwar an die menschliche Gesellschaft, doch wüssten wir es nicht besser, könnte man glatt meinen, er hätte den altruistischen Hirnwurm bei diesem Ausspruch vor Augen gehabt. Zu ihm passt er nämlich trefflich.

Der Hirnwurm opfert sich für seine Verwandtschaft!

Längst wissen wir, dass Tiere wie die Leberegel ihre Gene nicht nur weitergeben können, indem sie sich selbst vermehren. Ebenso gut können sie das Fortbestehen ihres Erbguts über die Fortpflanzung ihrer Verwandten sichern. „Indirekte Fitness" hat die Evolutionsforschung dieses Phänomen genannt. Ein gewisser Gemeinschaftssinn steckt scheinbar also auch in Parasiten.

Die Kohlweißlings-Brackwespe – Bodyguard bis in den Tod

Die Schlupfwespen sind die Mafiosi im Reich der kriminellen Tiere. Zehntausende Angehörige dieser Familie leben verstreut über fast alle Kontinente und überall pflastern Opfer ihre Wege. Durchweg leben sie als Parasitoide auf Kosten ihrer Wirte. Doch gegen die Machenschaften ihrer Verwandtschaft wirkt das unter Schlupfwespen beliebte „Eier-in-andere-Tiere-legen-und-sie-von-innen-Auffressen" geradezu harmlos. Unter den Brackwespen gibt es nämlich Arten, die einen Schritt weitergehen: Sie rauben ihren Opfern den Willen und zwingen sie dazu, ihre Mörder zu beschützen – bis in den Tod.

Auf den kümmerlichen Resten des Kohlblattes herrscht ein haariges Gewimmel. Wie ein einziger Organismus sitzen die Raupen des Großen Kohlweißlings dicht an dicht beieinander und vertilgen ihre Leibspeise. Ein solcher Massenauflauf im Gemüsebeet bleibt nicht unbemerkt. Eine Kohlweißlings-Brackwespe steuert geradewegs auf eine der Raupen zu. Wenngleich es die Brackwespe gerade einmal auf die Größe eines Stecknadelkopfes bringt, gehört sie zu den Erzfeinden der weißen Falter. Doch sie ist spät dran, der beste Zeitpunkt für den Angriff ist bereits verstrichen. Längst dem Alter entwachsen, in dem die Raupe noch klein und hilflos war, bäumt sie sich auf und versucht, die Angreiferin abzuschütteln. Vergebens. Mit einer gezielten Bewegung bohrt die Brackwespe ihren Stachel durch die Raupenhaut und platziert Dutzende Eier in ihrem Körperinneren.

Bald beginnt es in der Raupe ebenso zu wimmeln wie auf dem Kohlblatt – winzige Larven durchziehen ihren Körper. Machen Sie sich gerade neugierig auf den Weg zum Gemüsebeet oder zum nächsten Kohlfeld? Das können Sie sich sparen, denn diesen Horrorstreifen bekommen Sie auch mit dem nun geschulten Blick nicht zu sehen. Die Raupe führt ihr Leben nämlich weiter wie gewohnt – zumindest vorerst – und zeigt keine Spuren der Tat. Wie es möglich ist, dass der Parasitenbefall ohne Folgen bleibt? Das ist auf deren ausgeklügeltes Vorgehen zurückzuführen. Als das Brackwespen-Weibchen ihre Eier in der Raupe platzierte, bereitete sie ihrem Nachwuchs nicht nur den Weg für ein stets gesättigtes Heranwachsen, sondern sorgte auch für deren Schutz. Brackwespen sind in der Lage, das Immunsystem ihrer Wirte zu hacken! Wie ein Hacker, der den Code für seine Malware in die Tasten haut, hat das Weibchen in ihren Eierstöcken Bracoviriformen erschaffen. Dieser kantige Begriff beschreibt in der DNA vorhandene und von Generation zu Generation weitervererbte Viren, die ein einziges Ziel haben: Die Zellen der Kohlweißlingsraupe zu infiltrieren und dafür zu sorgen, dass der Alarm des Immunsystems ausgeschaltet bleibt. Statt angemessen zu reagieren und mithilfe von Blutkörperchen die Parasitoide hochkant hinauszuwerfen, passiert … richtig: nichts.

Übrigens: Im Inneren der Raupe herrscht nicht nur ein Kampf zwischen dem Parasitoid und dem Immunsystem des Wirtes. Auch die Konkurrenz schläft nicht: Oft haben es mehrere Parasitoide auf dieselbe Raupe abgesehen. Geteilt wird nicht und deshalb kommen Gifte und besagte Bracoviriformen zum Einsatz, um die Sprösslinge der Konkurrenten um die Ecke zu bringen. Genügt der mütterliche Einsatz nicht, gehen sogar die Larven bewaffnet mit ihren Mundwerkzeugen aufeinander los. Ein Ringkampf der besonderen Art.

Angesichts der unerwünschten Besucher, die sich im Raupenkörper eingenistet haben, scheint der Platzmangel doch reichlich ungemütlich zu werden. Wohlgemerkt, vor allem für die Raupe. Und eben darin besteht auch der Nachteil des Lebens als Parasitoid:

Das eigene Schicksal ist untrennbar mit dem des Wirtes verbunden. Stirbt er, war's das. Also gilt es, das Opfer schonend auszunehmen. In weiser Voraussicht lassen die kleinen Parasitoide die lebenswichtigen Organe unangetastet und schlürfen sich stattdessen durch die Hämolymphe (wie es sich für Insekten gehört, hat die Raupe genau genommen kein Blut, sondern eine farblose Flüssigkeit, die frei umherwabert und die einzelnen Körperteile mit Nährstoffen versorgt). Doch irgendwann neigt sich die Entwicklung der Brackwespen-Larven dem Ende zu. Was nun kommt, würde ich Ihnen gerne ersparen: Als würde die Raupe explodieren, bohren sich die Larven aus ihrer leergefressenen Hülle heraus. (Machen Sie bitte nicht den gleichen Fehler wie ich und schauen sich das Ganze bei YouTube an!) Lethargisch lässt die Raupe es über sich ergehen, bis sie von so vielen Larven umgeben ist, dass man sich fragt, wie die alle in ihr Platz gefunden haben.

Ein wenig friedvolles Lebensende meinen Sie? Dann werden Ihnen die Worte fehlen für das, was sich nun ereignet: Die Raupe, die sterbend ihrem Schicksal überlassen wurde, erwacht plötzlich aus ihrer Lethargie. Aber nicht, um Rache zu nehmen an den Brackwespen, die sich an ihrer Seite verpuppen. Nein, sie wird zu ihrem Bodyguard! Wie von einem unsichtbaren Band gezogen, folgt sie ihren Erzfeinden, legt sich schützend über sie und spinnt sogar noch eine Decke aus Seidenfäden. Dass die Raupe dazu

Das Opfer wird zum Bodyguard.

überhaupt in der Lage ist, dafür haben die Brackwespen beim Verlassen ihres Körpers gesorgt. Statt sie durchlöchert zurückzulassen, haben sie die Austrittswunden mit ihrer eigenen Larvenhaut wieder verschlossen. Und so ermöglichten sie den absurden Höhepunkt: Während sich in den Kokons die Larven zu mit Flügeln und Legestacheln ausgestatteten Brackwespen verwandeln, sorgt ihr Bodyguard für einen ungestörten Ablauf. Nähern sich Feinde, dann werden diese mit Kopfstößen vertrieben (Ob Sie es glauben oder nicht, es gibt Schlupfwespen, die die Brackwespen parasitieren und das Ganze hat sogar einen Namen: Hyperparasitismus, sprich Parasiten parasitieren Parasiten (wobei es sich genau genommen bei den genannten Tieren sogar um Parasitoide handelt). Einen Bodyguard zu haben, macht also Sinn.). Mit dem Schlüpfen der Brackwespen endet der Job der Kohlweißlings-Raupen und – so gern ich hier ein unerwartetes Happy End niederschreiben würde – bald auch ihr Leben.

Die Marienkäfer-Brackwespe – Viren – die Partner in Crime

Die Kohlweißlings-Brackwespe ist keineswegs das schwarze Schaf in der Brackwespen-Familie. Ihre Verwandte, die Marienkäfer-Brackwespe, kann es in puncto Skrupellosigkeit problemlos mit ihr aufnehmen. Sie hat sich ausgerechnet den Marienkäfer als Opfer ausgesucht. Es ist ein Bild wie David gegen Goliath, wenn die winzige Brackwespe auf den Käfer losgeht. Weder seine Warnfärbung noch seine Panzerung schützen ihn vor dem Angriff. Die Marienkäfer-Brackwespe knickt ihren Hinterleib nach vorne und attackiert mit gezücktem Legeapparat den Marienkäfer. In sein Körperinneres legt sie ihre Eier. Die geschlüpfte Larve lebt im Marienkäfer, frisst die Nahrung in seinem Verdauungstrakt und sein Fettgewebe.

Lange hielt sich der Glaube, die Brackwespe würde dem Marienkäfer mit dem Ei ein Gift injizieren. Erst als man in Marienkäfern fremde RNA fand, kam man dem Geheimnis auf die Spur. Sie stammte von einem Virus: „Dinocampus coccinellae paralysis virus" ist der Komplize der Brackwespe. Das Virus unterdrückt das Immunsystem des Wirtes, sorgt dafür, dass es die Brackwespen-Larve nicht bekämpfen kann. Zugleich manipuliert es auch sein Verhalten. Auffällig wird das, wenn die Larve den Marienkäfer verlässt. Wie sie sich den Weg aus dem gepanzerten Marienkäferkörper bahnt? Ganz einfach: Sie nimmt die Hintertür und schlüpft durch den After ins Freie.

Viren als Partner in Crime

Zwischen den Beinen des Marienkäfers spinnt die Larve einen Kokon. Während der Verwandlung zur erwachsenen Brackwespe steht sie unter dem Schutz des Marienkäfers. Die Manipulation endet nicht mit dem Verlassen des Wirtes, sondern erreicht jetzt erst ihren Höhepunkt. Anstatt das Weite zu suchen, schirmt er mit seinem Körper den Parasitoid unter sich ab. Wie gefesselt liegt er auf dem Kokon. Nur seine zuckenden Bewegungen verraten, dass noch Leben in ihm steckt. Für die Fressfeinde der Brackwespe muss es aussehen, als würde der Marienkäfer gerade eine Wolllaus verspeisen. Mit einem Beschützer wie dem Marienkäfer legt sich kaum ein Angreifer gerne an! So schlüpft nach knapp einer Woche die Brackwespe aus dem Kokon und begibt sich auf die Suche nach neuen Marienkäfern.

Der Feldwespen-Fächerflügler – wie Parasiten ihre Wirte unsozial machen

Der Hinterleib der Feldwespe wirkt aufgedunsen. Normalerweise liegen die Platten ihres Panzers glatt wie Dachziegel übereinander. Jetzt klaffen sie auseinander und öffnen den Blick auf etwas Undefinierbares, das an mehreren Stellen aus dem Hinterleib heraus-

Paarung in fremden Körpern.

ragt. Es sind Parasitoide, die das Kommando über die Feldwespe übernommen haben: die Feldwespen-Fächerflügler.

Mit *Xenos vesparum* benannte ein italienischer Insektenkundler die Art: „Wespenfeind". Der Feind ist nahezu unsichtbar. Nur einen halben Millimeter messen die Fächerflügler-Larven. Nahe der Wespenkolonie warten sie auf ihr Opfer. Treffen sie auf eine Feldwespe, klammern sie sich an ihr fest und lassen sich von ihr ins Wespennest tragen. Dort stürzen sie sich auf eine Wespenlarve und bohren sich in sie hinein. Von der Körperflüssigkeit genährt, entwickeln sich die Fächerflügler-Larven und bestimmen fortan den Lebensweg der Feldwespe. Während die unbefallenen Artgenossen das Nest verteidigen, nach Nahrung suchen und sich um die Brut kümmern, verliert die befallene Feldwespe ihre soziale Ader. Stattdessen kehrt sie dem Nest den Rücken zu und warten auf den nächsten Befehl.

Etliche Stadien durchlaufen die Fächerflügel-Larven, bis sie sich verpuppen. Vorher noch verborgen im Körperinneren lebend, schauen sie nun aus dem Hinterleib hervor. Die Zeit für die Paarung der Parasitoide ist gekommen. Die Paarung findet an geheimen Orten statt. Das stellt die Fächerflügler vor eine Herausforderung: Wie finden sie den Weg dorthin? Sie ahnen sicherlich, wie es läuft: Die Fächerflügler machen die Feldwespe nicht nur unsozial, sondern manipulieren auch ihre Bewegungen.

An unsichtbaren Zügeln lenken sie ihr Transportmittel zum Paarungsort. Dort brechen die Männchen aus ihrem Wirt heraus (der stirbt an den Verletzungen) und entfalten ihre bisher fächerartig verstauten Flügel. Die Weibchen haben hingegen die Gestalt eines Wurmes und besitzen weder Beine noch Flügel, weder Fühler noch Augen. Nur der vorderste, etwa stecknadelgroße Teil ihres Körpers schaut aus der Feldwespe heraus. Die weiblichen Fächerflügler sind nicht in der Lage, ein Leben unabhängig von ihrem Wirt zu führen. Die Parasitoide müssen sich also etwas einfallen lassen und so steuern die Männchen auf eine Feldwespe zu, die ihre Partnerinnen beherbergen. Dort stehen sie direkt vor der nächsten Herausforderung: Während der vordere Teil der Weibchen aus der Feldwespe herausschaut, steckt der hintere, der normalerweise bei der Paarung eine entscheidende Rolle spielt, tief im Wirtskörper. Aus diesem Grund ist die Paarung unter Fächerflüglern eine etwas undelikate Angelegenheit. Um die Eizellen zu befruchten, nutzt das Männchen seinen hakenförmigen Penis. Damit bohrt er sich in den „Hals" des Weibchens und platziert den Samen im Körperinneren. Das ist genauso gefährlich, wie es klingt. Durch die Verletzung kann das Weibchen Körperflüssigkeit verlieren und Infektionen davontragen.

Während die männlichen Fächerflügler nach der Paarung ebenso wie ihre Wirte sterben, beginnt sich in den weiblichen Fächerflüglern neues Leben zu regen. Etwa 1.000 befruchtete Eier reifen in ihrem Körper heran. Diese verwandeln sich in Larven und besiedeln im Juli ihrerseits Feldwespen (in der „mütterlichen" Feldwespe wird bei einer solchen Nachkommenschaft doch der Platz knapp). Auch sie lenken „ihre" Wirte wieder zu den Paarungsorten. Da sich das Jahr aber bereits dem Ende zuneigt, erteilen sie einen vorerst letzten Befehl. Und der verlängert sogar das Leben ihrer Wirte! Statt die Feldwespen sterben zu lassen (und damit der Natur ihren Lauf zu lassen), bringen die Fächerflügler sie dazu, sich einen Speckvorrat anzufressen. Gemeinsam mit den nicht infizierten Königinnen überwintern die infizierten Feldwespen. Nur um im nächsten Jahr das Winterquartier zu verlassen, sobald die Königinnen einen Staat gegründet und für Nachschub an Wirten für die Fächerflügler gesorgt haben.

Forensische Entomologie

Insekten begehen nicht nur Verbrechen. Sie helfen auch, welche aufzuklären. Stirbt ein Mensch, trifft nicht die Polizei als Erstes am Tatort ein. Fast immer sind es Insekten, die binnen kürzester Zeit den Leichnam besiedeln. Der Tod eines Menschen verspricht ihnen einen reich gedeckten Tisch. Angelockt vom Leichenduft summen Schmeißfliegen herbei, legen winzige Eier auf dem Leichnam ab. Bald bekommen sie Gesellschaft: Fleischfliegen, Schmetterlingsmücken, Aaskäfer und Mistkäfer sind nur einige davon.
Bei der Aufklärung eines Verbrechens kommen forensische Entomologen ins Spiel. Sie entschlüsseln die Aussagen der krabbelnde und kriechende Zeugen. Abhängig davon, welche Arten sie in welchem Entwicklungsgrad vorfinden, können sie die Liegezeit der Leiche abschätzen. Bei der Auswertung der insektenkundlichen Spuren kommt es nicht nur auf Artenkenntnis an, sondern auch auf das Wissen darüber, wie etwa Temperatur und Luftfeuchtigkeit die Entwicklung der Insekten beeinflussen. Damit können sie den Ermittlungsbehörden die entscheidenden Erkenntnisse für die Lösung eines Kriminalfalls liefern.

Zeugen der Anklage.

Toxoplasma gondii – Verliebt in einen Killer

2019 löste Netflix mit der Serie „Conversations With A Killer: The Ted Bundy Tapes" einen regelrechten Hype aus. Ted Bundy tötete in den 1970er-Jahren Dutzende Frauen und obwohl er einer der schrecklichsten Serienmörder der letzten Jahrzehnte war, romantisieren ihn Fans der Serie geradezu. Das ist kein Einzelfall. Ob in Serien, im Gerichtssaal oder im Gefängnis, etliche Serienmörder werden mit Fanpost und Heiratsanträgen nur so überschüttet. Psychologen haben einen Namen dafür: Hybristophilie. Aber hier soll es nicht um die menschlichen Abgründe gehen. Eine erstaunliche Parallele finden wir fernab vom Homo sapiens.

Toxoplasma gondii sorgt dafür, dass sich Opfer geradezu angezogen fühlen von (tierischen) Serienkillern. Machen Sie sich gefasst auf eine der kuriosesten Geschichten im Tierreich. Und wähnen Sie sich nicht in falscher Sicherheit: Wir Menschen können ebenso zum Opfer werden! Toxoplasma gondii ist ein Einzeller, was seinen kriminellen Fähigkeiten aber keinen Abbruch tut. Dass Toxo (um Sie mit dem langen Namen zu verschonen) überhaupt auf die schiefe Bahn geraten ist, ist auf eine Notsituation zurückzuführen. Denn der Einzeller kann sich nur im Darm von Katzenartigen sexuell vermehren. Infizierte Katzen – von der Hauskatze bis zum Löwen – scheiden mit ihrem Kot Sporen aus. Und die müssen einen Weg zurück in den Verdauungstrakt ihres Wirtes finden. Der birgt allerdings einige Umwege.

Allein in Deutschland leben über 15 Millionen Hauskatzen. Auf den ersten Blick eine ideale Ausgangslage für Toxo. Die Hauskatzen machen das Wirksamste, um dem Krankheitserreger einen Strich durch die Rechnung zu machen: Sie vergraben ihren Kot. Wie soll Toxo da bloß wieder rauskommen? Zunächst gilt das Motto „Viel hilft viel"! Toxo teilt sich, verachtfacht in den Sporen seine Zahl und wartet auf den Weitertransport. Den übernehmen Mistkäfer & Co, Katzenkot können sie einfach nicht widerstehen. Und so ein Käfer ist wiederum für eine Ratte ein gefundenes Fressen. In ihrem Darm angekommen, hat das Warten endlich ein Ende und Toxo verwandelt sich.

Die Verdauungssäfte zerstören die schützende Hülle der Sporen und setzen Sporozoiten frei. Klingt komplizierter, als es ist: Die Einzeller durchlaufen eine Entwicklung und jedes Entwicklungsstadium hat eine bestimmte Aufgabe. Bei den Sporozoiten lautet sie: Die Zellen des Wirtes entern. Dort angelangt, vermehren sie sich weiter. Denn, genau-viel hilft viel. Das bleibt nicht unbemerkt. Das Immunsystem der Ratte schlägt Alarm und bildet Antikörper aus. Toxo muss tief in die Trickkiste greifen, um von dem körpereigenen Sicherheitsdienst nicht kurzerhand abgeführt zu werden. Weil das eine kriminalistische Meisterleistung ist, schauen wir uns das mal genauer an. Stellen Sie sich vor, die Überwachungskameras eines Museums filmen eine Diebesbande beim Auskundschaften. Mit ihren blauen Overalls, den Caps und den Werkzeugkoffern sehen sie aus wie Elektriker. Mit der Beschreibung erstellt der Sicherheitsdienst Steckbriefe und händigt sie seinen Leuten aus. Die Diebesbande hat genau damit gerechnet, sich teure Anzüge gekauft und spaziert unbehelligt durch die Einlasskontrollen.

fatal attraction

Genau so macht es Toxo: Die Truppe ändert einfach ihre Gestalt und wird von den Antikörpern kaum noch erkannt. Fertig zum Überfall!

Jetzt braucht es nur noch eine Etappe, um ans Ziel zu kommen. Die Ratte muss von einer Katze gefressen werden, damit Toxo in ihrem Darm seinen Entwicklungszyklus von Neuem starten kann. Das Problem: Ratten meiden Katzen wie der Teufel das Weihwasser und das verschlechtert die Fortpflanzungschancen immens. Deswegen hat Toxo einen Trick entwickelt, Ratten in die Fänge von Katzen zu locken. Und damit wären wir wieder bei den Serienmördern (den menschlichen, wenngleich die Ratten wohl vor Katzen mehr Angst haben).

Die Lösung: Toxo manipuliert die Ratten so, dass sie ihre Angst vor Katzen verlieren und – noch einen Schritt weiter – so, dass sie sich zu den mörderischen Samtpfoten hingezogen fühlen. Genauso wie Psychologen ein Wort für romantische Gefühle gegenüber Serienmördern haben, existiert eine Bezeichnung für Ratten, die auf Katzen stehen: fatal attraction – „tödliche Anziehung". Wie treffend.

Um das zu ergründen, schauten wir uns an, was im Gehirn von infizierten Rattenmännchen geschieht. Toxo legt genau an den Schaltkreisen im Gehirn Hand an, die für Furchtlosigkeit und sexuelle Erregung zuständig sind. Beim Geruch von Katzen ergreifen die Ratten also nicht mehr angsterfüllt die Flucht, sondern laufen ihnen liebestrunken geradewegs ins offene Maul. Nicht genug, dass Katzen für Ratten plötzlich sexy riechen. Toxo verpasst auch den Rattenmännchen eine Ladung Sexappeal. Sie müssen wissen, normalerweise machen Rattenweibchen um parasitenbefallene Männchen einen Bogen. Scheinbar liegt ein Geruch in der Luft, der nichts als Ärger (in Form von Krankheiten) verspricht. Bei mit Toxo infizierten Rattenmännchen sieht die Sache anders aus. Der Krankheitserreger schraubt nämlich nicht nur im Gehirn rum, sondern auch in den Hoden. Dort kurbelt er den Testosteronspiegel an. Damit sind zwei Fliegen mit einer Klappe geschlagen: Testosteron wird zum Helfer, die Schaltkreise im Gehirn durcheinanderzubringen, und es steigert gleichzeitig die Attraktivität in den Augen von Rattenweibchen.

Dreiviertel der Weibchen haben lieber ein testosterongeladenes Toxo-Männchen an ihrer Seite als ein nicht infiziertes Männchen. Praktisch, so infiziert Toxo beim Rattensex das Weibchen und den Nachwuchs gleich mit.

Die meisten Parasiten, die Sie in diesem Buch finden, sind für uns Menschen harmlos. Schlimmstenfalls rutschen sie einmal durch den Körper und kommen hinten wieder raus, ohne auf dem Weg Schaden angerichtet zu haben. Anders bei Toxo. Kurz und schmerzlos: Es ist nicht unwahrscheinlich, dass ein Parasit in Ihrem Gehirn sitzt. In Deutschland besitzt etwa die Hälfte der Menschen Antikörper (Sie erinnern sich, die Sache mit dem Sicherheitsdienst) gegen Toxo. Heute sind wir ein Fehlwirt – Hauskatzen fressen eben selten Menschen. Zu Zeiten der Säbelzahnkatze (auch als Säbelzahntiger bekannt, mit dem Namensvetter aber nicht verwandt) war das aber eine durchaus realistische Gefahr. Da hat es für Toxo natürlich Sinn gemacht, uns als Zwischenwirt zu nutzen. Das Erbe ist bis heute nicht verloren gegangen. Infizierte Männer empfinden etwa den Geruch von Katzenurin als angenehmer und neigen zu (testosteronbedingt) riskanterem Verhalten als nicht infizierte Männer. Grund genug, dass Forschende Toxo-Tests für Piloten und andere Berufsgruppen empfahlen, in denen unvernünftiges Verhalten wenig wünschenswert ist. Aber Toxo steigert nicht nur das Risiko für Unfälle, sondern scheinbar auch für psychische Krankheiten. Studien ergaben, dass Menschen, die den Parasiten in sich tragen, fast dreimal so häufig an Schizophrenie erkranken. Eine Erkenntnis, gegen die sich die Wissenschaftswelt lange sträubte, denn wer will schon zugeben, dass Parasiten unser Gehirn steuern? Doch verfallen Sie bitte nicht in Panik. Bei den meisten Menschen bleibt eine Infektion mit Toxoplasma gondii ohne Folgen und die daraus resultierende Krankheit – die Toxoplasmose – kann mit Medikamenten behandelt werden. Was für ein Glück, dass wir keine Ratten sind. Nur die romantischen Gefühle für Serienmörder teilen manche von uns mit ihnen.

Der Plattwurm Diplostomum spathaceum – Blinde Fische sind leichte Beute

Der Plattwurm *Diplostomum spathaceum* teilt das Problem von *Toxoplasma gondii*. Er vermehrt sich allerdings nicht im Darm von Katzen, sondern von Möwen. Auch hier ist das Mittel der Wahl, Umwege zu gehen und nicht zimperlich mit den Chauffeuren umzugehen. Direkt aus dem Möwendarm gelangen die Eier des Plattwurms ins Wasser. Möwenschiss auf der Strandpromenade ist nicht nur eine Sauerei, sondern auch ein echter Plattwurm-Friedhof. Knapp daneben wäre aber auch vorbei. Die Eier müssen nämlich nicht in irgendein Wasser. Der Plattwurm benötigt Süßwasser. Dort reifen seine Eier zu frei umherschwimmenden Larven heran und erobern schließlich das Körperinnere einer Lungenschnecke. Sie ist nur der Zwischenwirt, in dem sich die Larven eine Zeit lang entwickeln.

Nach dem Zwischenstopp gehts zurück ins Wasser und in den zweiten Zwischenwirt: einen Süßwasserfisch. Hier wird's für den Parasiten kompliziert. Zwar stehen Fische durchaus auf der Speisekarte von Möwen, die meisten Fische sind aber klug genug, das Weite zu suchen, sobald der Schatten einer vorüberfliegenden Möwe aufs Wasser fällt. Da Möwen nicht tauchen (ok, sie tauchen ihren Kopf unter Wasser, aber das war's auch schon), sind Fische vor ihnen sicher, solange sie schnell genug abtauchen. Deswegen hat der Parasit eine grausam wirkungsvolle Lösung gefunden. Nachdem er über die Kiemen- und Flossenregion ins Innere des Fisches gewandert ist, durchwandert er seinen Körper. Schlimm genug, dass er dabei beträchtlichen Schaden anrichtet – schon drei Larven können einen Fisch töten. Innerhalb von 24 Stunden hat er sich auch seinen Weg bis ins Auge gebahnt.

Möwenschiss als Parasiten-Friedhof

Egal, wie das Schicksal des Fisches lautet – der Parasit hat ihn dort, wo er ihn hinhaben wollte. Entweder er schwimmt tot auf der

Wasseroberfläche (und ist damit den Möwen wie auf einem Silbertablett präsentiert) oder der Fisch erblindet durch den Befall der Augenlinse. Dann findet er nicht mehr genug Nahrung und stirbt auch – oder sieht den drohenden Schatten der Möwe nicht und stirbt dann. Nur einer kann den Plan des Plattwurms noch vereiteln: ein anderer Fischliebhaber. Schnappt der der Möwe ihre Beute vor dem Schnabel weg, war's das für den Wurm.

Der Kratzwurm Polymorphus paradoxus – See verdrehter Sinne

Der Kriminalfall um den Plattwurm ist nicht der einzige, der wortwörtlich ins Auge geht. Der Kratzwurm *Polymorphus paradoxus* macht es ihm gleich und greift den Sehsinn seiner Opfer an. Seine Strategie ist allerdings weitaus raffinierter. Wie wäre es, statt für eine Blindheit gleich für eine Verdrehung der Sinne zu sorgen?!

Der See-Flohkrebs dümpelt einsam auf dem See herum. Seine Artgenossen haben die Gefahr längst bemerkt und sind abgetaucht. Statt sich schleunigst an ihre Fersen zu heften, klammert er sich an einer Insel aus Wasserpflanzen fest, auf die gerade eine Entenfamilie zusteuert. Die kleinen Enten sehen in ihrem flauschigen Federkleid zwar niedlich aus, aber nicht in den Augen des Flohkrebses! Die Enten flitzen durchs Wasser und sau-

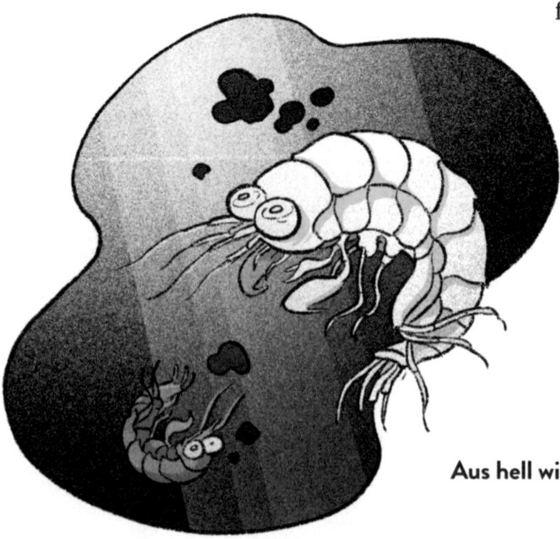

Aus hell wird dunkel.

gen geradezu alles Fressbare ein. Schlürp, schon ist der kleine Krebs im Schnabel verschwunden. War vorhersehbar, oder? Das beurteilt die Flohkrebs-Versammlung, die das Geschehen sicher vom Seegrund aus beobachtet hat, bestimmt genauso.

Also, was ist passiert und warum hat sich der See-Flohkrebs seinem Schicksal so wehrlos hingegeben? Verantwortlich für dieses seltsame Verhalten ist der Kratzwurm *Polymorphus paradoxus.* Vielleicht ist das der Grund für seinen Artnamen *paradoxus* – „seltsam". Er hat die Wahrnehmung des Flohkrebses nämlich ordentlich durcheinandergebracht. Der Flohkrebs hat die tödliche Gefahr durchaus gesehen, nur hat er sich eben auf der Wasseroberfläche sehr sicher gefühlt. So sicher, wie es seine Artgenossen am Seegrund tatsächlich waren.

Flohkrebse reagieren normalerweise auf Gefahr, indem sie sich in den trüben Schutz des Seeschlammes flüchten. Der Kratzwurm hat dafür gesorgt, dass der Flohkrebs genau das Gegenteil macht. Mit einem Eingriff in das Krebsgehirn veränderte er dort den Serotonin-Spiegel. Das störte die Signalübertragung vom Auge ins Gehirn und plötzlich erschien die in der Sonne glitzernde Wasseroberfläche so düster wie der Grund des Sees. Und dort geht's auf direktem Weg in den Entendarm, also ganz genau dorthin, wo der Kratzwurm hin möchte, um sich zu vermehren.

Der Kratzwurm Pomphorhynchus laevis – der Duft der Raubfische

Was, Sie haben noch nicht genug von Flohkrebsen? Gut, wenn Sie so fragen – ich habe da noch eine Geschichte auf Lager. Die unfreiwillige Hauptrolle darin spielt der Gewöhnliche Flohkrebs. Die Gesellen in der Ritterrüstung haben einen verdammt wichtigen Job. Sie sind sozusagen die Müllabfuhr des Gewässers. Flohkrebse zerkleinern das Herbstlaub der Bäume (und anderen Pflanzenabfall) und ermöglichen das Recycling der Nährstoffe. Aber Flohkrebse sind wirklich nicht zu beneiden. Sie stehen nämlich auf etlichen Speisekarten, sicher sind sie nirgendwo im Wasser. Also ist Vorsicht das Gebot der Stunde. Ihr Sehsinn warnt die Flohkrebse vor nahenden Gefahren (außer, ein Parasit treibt sein Unwesen im Gehirn). Aber darauf allein verlassen sie sich nicht. Auch der Geruchssinn entscheidet über Leben oder Tod. Eine praktische Sache, denn am trüben Gewässergrund sind sie zwar für Feinde schlechter sichtbar, sie sehen herannahende Gefahren aber genauso wenig. Treibt sich ein Raubfisch in der Gegend rum, riechen die Flohkrebse ihn und suchen das Weite. Außer ein Parasit ist am Werk.

Der Kratzwurm *Pomphorhynchus laevis* nutzt Raubfische als Endwirt – und der Flohkrebs dient zu seinem Unglück als Zwischenwirt. Solange er die Gefahr wittert und die entgegengesetzte Richtung zum Raubfisch einschlägt, wird das nichts mit dem Kratzwurm-Nachwuchs. Die einzige Lösung: Der Kratzwurm sorgt dafür, dass sich der Flohkrebs vom Raubfisch-Geruch angezogen fühlt. Und noch mehr: Er lenkt sein Opfer nicht nur geradewegs vors Fischmaul, er steigert auch seine Aktivität. Vom Parasiten angestachelt schmeißen die Flohkrebse eine regelrechte Party im offenen Wasser – etwas, das den Raubfischen nicht entgeht. Das Ende ist damit besiegelt: Zwischenwirt tot, Kratzwurm pflanzt sich im Fischmagen erfolgreich fort. Ein Happy End? Das liegt im Auge des Betrachters!

Der Bandwurm Schistocephalus solidus – Gruppenzwang im Fischschwarm

Den Winter über haben die Eier am Gewässergrund Schutz gefunden. Nun schlüpfen mikroskopisch kleine Larven daraus. Vor ihnen liegt ein langer Weg an dessen Ende die Verwandlung zum Bandwurm steht. Die durchs Wasser schwimmenden Larven wecken das Interesse eines Ruderfußkrebses. Kaum einen Millimeter klein, hüpft er durchs Wasser. Er ist der Zyklop unter den Seebewohnern. Dass er nur ein Auge besitzt, tut seinem Jagderfolg aber keinen Abbruch. Er schnappt sich die Larve, vertilgt sie und macht damit genau das, worauf es die Larve abgesehen hat. Im Inneren des Krebses startet die Entwicklung zum zweiten Larvenstadium. Dann heißt es abwarten. Der Ruderfußkrebs ist nur der erste Zwischenwirt, der zweite ist der Dreistachelige Stichling. Auf dem Rücken trägt er drei Stachel, die er bei Gefahr aufstellen kann, und zur Laichzeit lenken die Männchen mit ihrer türkis-roten Färbung die Blicke auf sich. Der Stichling hat es nicht leicht: Er wird von 25 verschiedenen Parasiten geplagt – fast in allen Körperteilen leben sie. Einer von ihnen ist der Bandwurm *Schistocephalus solidus*. Sein Erfolg fällt von Region zu Region unterschiedlich aus. In Norwegen gibt es Populationen, in denen fast 100 Prozent der Stichlinge infiziert sind. In anderen Regionen ist kein einziger befallen. Ein Grund, der über Erfolg oder Misserfolg entscheidet, ist die Art des Gewässers. Die besten Erfolgsaussichten hat der Bandwurm dort, wo er eine Masse dicht beieinander lebender Stichlinge findet und ihn keine Strömung von seinem Ziel abbringt. Das erreicht er aber nur, wenn er nicht irgendwo auf seinem Weg in einer Sackgasse landet.

Auf der Duftspur der Raubfische.

Eine solche Sackgasse wäre es, wenn der Ruderfußkrebs vom falschen Fisch gefressen würde. Denn der Parasit hat sich die Fähigkeit angeeignet, das Immunsystem seines Zwischenwirtes auszutricksen. Das funktioniert aber nur beim Stichling. Läuft alles nach Plan, dann frisst der Dreistachelige Stichling den Ruderfußkrebs, der die Bandwurmlarve gefressen hat – und dann läuft der Parasit zu Höchstform auf. Der Bandwurm durchdringt die Darmwand des Fisches und wächst gut geschützt und genährt in der Körperhöhle heran. Im Extremfall erreicht er bis zu 50 % des Körpergewichts des Fisches. Und noch etwas anderes ereignet sich: Der Stichling verändert sein Verhalten. Normalerweise sucht er den Schutz seines Schwarms. Denn nicht nur Parasiten machen dem Fisch das Leben schwer, sondern auch etliche größere Feinde.

Vom Bandwurm zur Leichtsinnigkeit verführt, wagt sich der Stichling aus der Gruppe heraus, hinein ins offene Wasser. Dort ist er eine leichte Beute für fischfressende Vögel. Der Eisvogel hat sich auf einem übers Wasser ragenden Ast niedergelassen und wartet nur auf die passende Gelegenheit, um sich wie ein Speer ins Wasser fallen zu lassen. Genau dort möchte der Bandwurm hin: in den Vogeldarm. Kuschelige 38 °C bieten

dem Parasiten die passende Umgebung, um zum geschlechtsreifen Wurm heranzuwachsen und sich zu paaren. Wird der Stichling statt von dem Eisvogel von einem Hecht oder einem anderen Kaltblüter erbeutet, würde sein Leben auch hier in einer Sackgasse enden.

Der Bandwurm schafft etwas Erstaunliches. Er manipuliert nicht nur das Verhalten des infizierten Stichlings, sondern auch das seiner gesunden Schwarmkollegen. Solange die vom Bandwurm fremdgesteuerten Fische in der Minderheit sind, ist die Lage halb so schlimm. Dann ignoriert der Rest des Schwarms einfach das sonderbare Verhalten. Sobald die Infizierten in der Mehrheit sind, lassen auch die Uninfizierten alle Vorsicht fallen. Ein klassischer Fall von Gruppendruck. Fragt man einen Stichling „Und wenn alle dem Fischfänger vor den Schnabel schwimmen, schwimmst du dann hinterher?", dann antworten der mit „Klaro, los gehts'!". Normalerweise sichert der Gruppendruck das Überleben des Einzelnen. In der Gruppe ist nicht nur die Gefahr kleiner, gefressen zu werden. Die Wahrscheinlichkeit, dass zwei Fische gleichzeitig eine dumme Entscheidung treffen, ist auch sehr gering. Das ändert sich nur leider, wenn die „Dummen" in der Überzahl sind und das Verhalten normalisieren.

Die Wahrscheinlichkeit, dass zwei Fische gleichzeitig eine dumme Entscheidung treffen, ist gering – außer wenn die „Dummen" in der Überzahl sind.

Warum die infizierten Fische überhaupt auf diese Idee kommen, scheint verschiedene Gründe zu haben. Veranlasst vom Feind in seinem Inneren scheut der Stichling nicht länger das Risiko im offenen Wasser und sieht im Angesicht von Feinden weniger Anlass zur Flucht. Außerdem leidet sein sozialer Sinn. Er lässt sich vom Schwarm partout nicht zu risikoärmeren Verhalten verleiten und begibt sich stattdessen alleine auf Nahrungssuche. Eine nicht enden wollende Tätigkeit, denn der Parasit steigert den Energieverbrauch und sorgt dafür, dass sein Opfer ständig hungrig ist. Die Voraussetzungen für eine Übertragung des Parasiten könnten nicht aussichtsreicher sein!

Das Baculovirus Lymantria dispar nucleopolyhedrovirus – Virenschleudern in den Baumwipfeln

Die Raupen des Schwammspinners fressen Bäume ratzekahl und lassen schlimmstenfalls braune Wälder zurück. Früher schwang man im Kampf gegen die Raupen die Giftkeule. Das Mittel der Wahl: Bleiarsenat. Das Problem daran: Im Obst- und Weinbau eingesetzt, schädigte es nicht nur die gefräßigen Insekten. Bald machten menschliche Todesfälle infolge von Arsenvergiftungen Schlagzeilen und man fand ein neues, für Menschen weniger gefährliches Gift.

Hin und wieder, in warmen Jahren, treiben die Raupen ihr Unwesen. Neben giftigen „Schädlingsbekämpfungsmitteln" setzt man vielerorts auf eine biologische Bekämpfung. Mit Bakterien rückt man den Raupen zu Leibe – und auch aus der Natur eilt Hilfe herbei. Eine Reihe von Feinden stürzt sich, angelockt von dem Massenauflauf, auf die Schwammspinner. Käfer und Kuckucke erbeuten die Raupen, Brackwespen und Raupenfliegen parasitieren diese. Auch der Pilz Entomophaga maimaiga besiedelt die Raupen, tötet sie und lässt von den Leichen seine Sporen verbreiten. Und sogar ein Virus hat es auf die Schwammspinner abgesehen. Es trägt den sperrigen Namen *Lymantria dispar nucleopolyhedrovirus* (LdMNPV) oder kurz (wenn auch unpräzise) Baculovirus. Das Virus stellt die Angriffe der übrigen Feinde weit in den Schatten. Es macht seine Opfer nämlich nicht nur körperlich krank, sondern manipuliert auch ihr Gehirn.

Das Schwammspinner-Weibchen trägt ein helles Kleid mit einem plüschigen Kragen. Mühsam fliegt sie einen Baumstamm an. Im Gepäck hat sie Hunderte Eier – die legt das Weibchen ab und hüllt sie in ein Büschel aus

Die Forstwirtschaft nutzt das Baculovirus als Insektizid.

Haarschuppen. Damit liefert sie Schutz vor Kälte und Räubern. Nach der Überwinterung der Eier schlüpfen die Raupen, fressen Löcher in die Blätter und sorgen in großen Gruppen für kahle Bäume. Während die gesunden Raupen sich schließlich verpuppen, ändert das Baculovirus bei infizierten Raupen das Verhalten. Normalerweise steuert ein Hormon im Körper der Raupen das Sättigungsgefühl und gibt den Startschuss für die Verpuppung. Das Virus zerstört dieses Hormon, weshalb die Zombie-Raupen ungebremst weiterfuttern und schließlich in die Baumkronen hinaufklettern. Deshalb trägt die Krankheit auch den Namen „Wipfelkrankheit". An diesem Ort haben die Raupen ihre Aufgabe erledigt und sterben. Mit dem Zerfallen ihres Körpers machen sich Millionen von Viruspartikeln auf die Reise. Der Wind trägt die Virenfracht mit sich oder sie landet baumabwärts auf den Blättern. Und hier spielt der Appetit der noch gesunden Raupen dem Virus in die Karten: Sie nehmen die Krankheitserreger auf und enden irgendwann selbst als Virenschleudern.

Virus verwandelt Raupen in Zombies!

Die Tollwut – mit Sex und Gewalt zum Erfolg

Woran denken Sie bei Tollwut? Vielleicht an einen struppigen Fuchs, die Zähne gefletscht und schäumenden Geifer vor dem Mund? Tollwutviren gehören zu den wenigen Angreifern, die im Kopf von Säugetieren das Kommando übernehmen können. Oder sagen wir besser: zu den wenigen bekannten. Vermutlich herrscht in der Kommandozentrale – ja, auch in unserer – ein reges Treiben. Tollwut ist ein teuflisches Virus. Es kehrt die schlimmsten Seiten seiner Opfer nach außen. In den alten Sagen spiegelt sich die Furcht unserer Vorfahren vor dieser Krankheit wider. Der Glauben an Werwölfe wurzelt wahrscheinlich in der Tollwut und vermischte sich mit der Angst vor tollwütigen Wölfen. Klar, was wäre eine naheliegendere Erklärung für einen um sich beißenden Menschen, als dass er sich in einen Werwolf verwandelt hat? Erst die Wissenschaft nahm der Tollwut ihr unheimliches Antlitz – auch wenn sie dadurch nicht weniger teuflisch ist.

Der Plan ist simpel: ein Opfer finden, es rasend wütend machen und es so zum nächsten Opfer führen. Das Virus erobert den Körper seines Wirtes. Am Anfang vermehrt es sich nur langsam und verhindert damit ein Alarmschlagen des Immunsystems. Eine Vermehrung allein bringt dem Virus aber rein gar nichts! Stirbt sein Wirt, ist das auch sein Ende. Nach einigen Tagen wandert das Virus deshalb ins Gehirn, befällt Regionen wie den Thalamus und den Hippocampus. Das bleibt nicht ohne Auswirkungen. Schnell setzt ein unkontrollierter Speichelfluss ein und Schluckbeschwerden sorgen dafür, dass sich mehr und mehr Speichel im und vor dem Mund sammelt. Es ist eine regelrechte Virensuppe. Nun muss das Virus seinen unfreiwilligen Helfer nur noch zum nächsten Opfer lenken. Möglichkeit eins hat die Menschen zu den düsteren Sagen inspiriert: Das erkrankte Tier (das gilt selbstverständlich auch für Menschen) wird aggressiv, verliert seine Angst und beißt wie wild um sich. Der Biss überträgt eine geballte Ladung an Viren. Mission erfüllt. Möglichkeit zwei klingt im ersten Moment merk-

Tollwutfrei: keine Angst vorm Fuchs!

würdig, erfüllt aber im Grunde genommen den gleichen Zweck. Das Opfer verspürt plötzlich ein unbändiges Verlangen nach Sex. Das ist dem Virus gerade recht, denn auch über Schleimhautkontakt wird es übertragen. Bei neurologisch ansonsten (noch) normal wirkenden Patienten liefert das manchmal den einzigen Hinweis auf eine Tollwutinfektion. Das bunte Treiben findet aber bald ein jähes Ende. Nach einigen Tagen der Infektion fällt das Opfer in ein Koma, gefolgt vom Tod.

Seit 2008 gilt Deutschland als tollwutfrei. Zumindest was die terrestrische Form angeht, die beispielsweise von Haushunden, Wölfen oder Füchsen übertragen wird. Allerdings gibt es verschiedene Angehörige dieser Virengattung. Die Fledermaus-Tollwutviren kursieren noch heute in Deutschland. Aber keine Sorge, auch wenn der Gedanke an Dracula naheliegt, sogar tollwütige Fledermäuse würden Sie nicht angreifen. Lediglich wenn Sie eine Fledermaus in die Hand nehmen, könnten Sie gebissen werden und sich zumindest theoretisch mit Tollwut infizieren. Finden Sie ein in Not geratenes Tier, kontaktieren Sie fachkundige Hilfe und fassen es am besten nur mit dicken Handschuhen an. Für den Fall der Fälle bietet eine (sofort nach dem Biss) verpasste Impfung Schutz und verhindert, dass Sie als wahlweise sexhungriger oder beißwütiger „Werwolf“ enden.

Bauanleitung
für ein Opfer

In unserer Natur leben Meister der Manipulation. Sie verwandeln ihre Opfer in willenlose Marionetten und stellen sogar ihren persönlichen Sicherheitsdienst ein.

VON DIESEN KRIMINALFÄLLEN bekommen wir selten etwas mit. Vielleicht wundern wir uns darüber, dass die Hausmaus neuerdings eine Vorliebe fürs Katzenklo hat oder sich die kleinen Fische im Teich plötzlich unter die großen Raubfische mischen. Das Gros dieser düsteren Welt bleibt uns allerdings verborgen. Doch was wäre, wenn die Kriminellen nicht nur das Verhalten ihrer Opfer manipulieren würden? Das wäre doch was, wenn sie sogar deren Körper nach ihren Wünschen ummodellieren würden. Also, begeben wir uns mal auf die Spurensuche!

Die Gallwespen – Klau am Bau

Die Gallwespen sind die Künstler unter den Kriminellen. Ihr Sinn für Kreativität scheint unerschöpflich. Und sie bringen gleich Verstärkung mit: Auch die Gallmücken und Gallmilben sind Teil ihres Künstlerkollektivs. Insgesamt kennen wir knapp 15.000 Arten, die Gallen erschaffen – sogar Pilze, Bakterien und Viren sind beteiligt. Unerfreulicherweise begnügen sie sich bei ihrer Kunst nicht mit einem Granitbrocken, nein, sie nutzen andere Lebewesen, um aus ihnen Skulpturen zu formen.

Den Eintrittspreis für das Museum sparen wir uns, denn die Kunst ist überall in Wäldern und Gärten ausgestellt. Kugelrund und in die schönsten Farben getunkt, hängen an den Blättern der Eiche die Spuren der Eichengallwespe. Die Rosengallwespe hat sich dagegen an den Rosensträuchern ausgetobt. Ihre Gallen sehen aus wie Moosbüschel, die aufgespießt an den langen Trieben sitzen.

Die Gallen haben Menschen schon früh bemerkt, nur die Erklärung war anfangs falsch. Die ersten wissenschaftlichen Beschreibungen gehen auf griechische Naturkundler wie Hippokrates von Kos (den kennen Sie auch als den Arzt, nach dem der „hippokratische Eid" benannt wurde) zurück. Er hielt die Gallen für Nüsse und davon zeugt auch die noch heute geläufige Bezeichnung als „nutgall". Im Deutschen sprechen wir zwar nicht von „Gallnüssen", dafür aber von „Galläpfeln". Aber wie gesagt, damit waren die damaligen Naturkundler einige Jahrhunderte vor Beginn unserer Zeitrechnung vollkommen auf dem Holzweg. Früher und deutlich näher waren die Menschen im Vorderen Orient an der Lösung des Rätsels dran. Die Babylonier unterschieden zwischen der „Nuss des Wurmes", also der Galle mit der darin lebenden Larve, der „Nuss der Fliege", der Galle, in dem das bereits fertige Fluginsekt sitzt, und der „Dro-

Weil Gallwespen schlechte Handwerker sind, zwingen sie Andere zur Hilfe!

Hier wächst die Rosengallwespe heran.

ge der entflohenen Fliege", der verlassenen Galle, bei der nur noch das zurückgelassene Ausflugloch die vorherige Anwesenheit eines Insekts verrät. Auch wenn die Gallen nichts mit Nüssen zu tun haben, waren die Babylonier damit den Gallkünstlern immerhin schon auf der Spur. Das Interesse an den Gallen war nicht nur der naturkundlichen Neugierde geschuldet. Die Gallen waren auch ein echter Exportschlager. In alle Länder wurden sie verschifft und gelangten dort in die Tintenfabriken, die Färbereien, die Gerbereien und sogar in die Regale der Apotheken. Der Hype ebbte erst spät ab. Österreich spielte damals als Umschlagplatz eine wichtige Rolle. Noch im 19. Jahrhundert wurden jährlich Tausende Tonnen von dort aus in andere Länder geliefert. Und in manchen Ländern ist die Ernte von Gallen noch heute von wirtschaftlicher Bedeutung.

Über Jahrtausende hinweg waren wir Menschen Profiteure eines kriminellen Akts. Den Gallkünstlern mangelt es zweifelsfrei nicht an Kreativität, bei der Ausübung ihrer Kunst überschreiten sie die Gren-

Pfennig-Gallwespen können Hunderte Gallen pro Blatt erzeugen.

zen des moralisch Vertretbaren aber um Längen. Dabei haben die Gallwespen durchaus Gutes im Sinn, nur leider auf Kosten der befallenen Pflanzen. Ihrem Nachwuchs möchten sie den bestmöglichen Schutz bieten. Und wo wäre es sicherer als in einem Haus? Weil Gallwespen schlechte Handwerker sind, zwingen sie Andere zur Hilfe: die Pflanzen. Die Eichengallwespe hat sich die Eiche ausgesucht. Dort sticht sie ihre Eier in die Blätter und die daraus schlüpfenden Larven haben es in sich. Sie manipulieren kurzerhand die Gestalt der Blätter. Dafür greifen sie zur Hormonkeule. Pflanzenhormone, genauer gesagt „Cytokinine", sind in allen Pflanzen vorhanden und haben ihre Hände im Spiel, wenn es um die Keimung der Samen oder die Entwicklung von Blüten geht. Also für die Pflanzen unerlässliche Helferchen. Blöd nur, wenn kriminelle Künstler die Pflanzen stürmen und ihrerseits Pflanzenhormone mitbringen. Damit bewaffnet, sorgen sie nach ihren Wünschen hier für mehr und da für weniger Wachstum. Schlussendlich sitzen die Gallwespen-Larven in einer kugelrunden Galle, die ihnen eine schützende Behausung und Nahrung bietet. Auch wenn es weit entfernt von einem höflichen Besuch ist – der Pflanze entsteht dadurch kein nennenswerter Schaden.

Das Bakterium Wolbachia – weil Männer überflüssig sind

Wolbachia ist der Musterschüler der Manipulation. Dieses Bakterium unterwirft ganze Generationen und verändert die Gesellschaft seiner Wirte von Grund auf. Männchen sind für Wolbachia überflüssig. Ich höre schon die Kommentare: „Ein männerhassendes Bakterium!", „Skandal!" An dieser Stelle möchte ich gleich zu Anfang ein gutes Wort für das Bakterium einlegen. Dem Handeln von Wolbachia liegt keine feindselige Grundhaltung zugrunde, es geht wie so oft in der Natur schlichtweg um den eigenen Vorteil. Und den finden wir, wenn wir uns den Übertragungsweg des Bakteriums einmal anschauen.

Wie alle Asseln weiblich werden

Als Überträger kommen nur Weibchen infrage. Während das Entern von Eizellen für Wolbachia ein Klacks ist, scheitert es – zumindest langfristig – an den Spermienzellen der Männchen. Damit fallen diese als Überträger weg. Um sich dem überflüssigen Teil der Gesellschaft zu entledigen, schmiedet Wolbachia einen Zwei-Stufen-Plan. Stufe 1: Dafür sorgen, dass die Infektion an die nächste Generation „vererbt" wird. Stufe 2: In der nächsten Generation für eine möglichst große Anzahl an neuen Wirtinnen sorgen. Beim Verfolgen seines Plans geht Wolbachia nicht zimperlich vor. Unter Taufliegen, Marienkäfern und Mehlkäfern haben die männlichen Nachkommen noch nicht einmal den Hauch einer Chance. Schon im Ei endet die Infektion mit dem Tod. Zugegeben, ein zielstrebiges Vorgehen, doch die Verluste treffen nicht nur die Wirte. Auch für das Bakterium ist es eine Verschwendung, nur die Hälfte der Wirtsgesellschaft infizieren zu können. Gesagt getan: Bei Asseln und einigen Faltern bleiben die Männchen zwar am Leben, aber nicht ohne Folgen. Wolbachia unterzieht sie einer Geschlechtsumwandlung. Es greift in deren Geschlechtsdrüsen ein und sorgt dafür, dass sich aus den befallenen männlichen Embryonen Weibchen entwickeln.

Früher oder später enden die Machenschaften des Bakteriums in einer Sackgasse. Mit schwindender Zahl überrennen die Weibchen ohne Rücksicht auf Verluste die übrigen Partner. Eine Erfahrung, die die männlichen Angehörigen einer tropischen Falterart völlig überfordert zurückließ und ihnen die Lust an den – nun pausen-

Wolbachia schützt Mücken – und Menschen.

los eingeforderten – Paarungen nahm. Irgendwann steht sogar das Überleben der ganzen Art auf dem Spiel. Die Männchen sind immerhin nicht ohne Grund da. Lässt sich das Bakterium nichts einfallen, stirbt es gemeinsam mit den Wirten. Für solche Fälle hält die Natur etwas in der Hinterhand: Parthenogenese. Honigbienen tun es, Blattläuse und Bärtierchen tun es und sogar Haie und Krokodile haben bewiesen, dass sie das Zeug zur Jungfernzeugung besitzen.

Ein Erfolgsmodell: sich nicht auf die Partnersuche begeben zu müssen, spart Zeit und Energie. Denken Sie nur an die kräftezehrenden Rituale – die wochenlangen Brunftkämpfe der Hirsche auf den Lichtungen, die atemberaubenden Flugshows der Kiebitze oder das menschliche Balzgehabe in den Diskotheken. Könnte man sich auch sparen. Naja, bei uns wird das wohl nichts. Das Genmaterial von höheren Säugetieren bietet eine denkbar schlechte Ausgangslage und so müssen wir wahrscheinlich weiterhin den Aufwand von Paarung und Paarungstänzen leisten. Bei Insekten und etlichen anderen Tieren sieht das wie gesagt anders aus – zum Glück für Wolbachia.

Wenn Sie an Bakterien denken, haben Sie dann eher Schurken oder eher Superhelden vor Augen? Das Zeug haben sie für beide Hauptrollen. Ohne Bakterien können wir nicht leben. Sie besiedeln uns von Kopf bis Fuß, von der Haut bis hinein in die tiefsten Ecken des Darms, schützen uns vor Hautkrankheiten und helfen uns bei der Verdauung. Sogar etliche unserer Medikamente haben wir mithilfe von Bakterien hergestellt.

Manche Bakterien spielen eine Doppelrolle, sie sind Schurken und Superhelden zugleich. Wolbachia ist eines von ihnen. Wolbachia pipientis, eine von etlichen Wolbachia-Arten, weckte besonderes Interesse bei den Forschenden. Es schützt seine Wirte – zu denen auch Mücken gehören – vor Viren. Und damit könnte das Bakterium auch uns schützen. Denn schwere Infektionskrankheiten wie Malaria und Dengue werden von den Mücken übertragen. Durch die Freilassung von Wolbachia-erkrankten Moskitos konnten in Indonesien die Infektionszahlen unter der lokalen Bevölkerung stark gesenkt werden. Sie sehen: Sogar die scheinbaren Superschurken können zu Helden werden.

Der Wurzelkrebs Sacculina carcini – die Mutterschaft der Krabbenmännchen

Sacculina carcini ist der Kuckuck des Meeres. Allerdings geht der Krebs noch einen Schritt weiter als sein gefiedertes Vorbild. Das ist der Tatsache geschuldet, dass sein Wirt – die Strandkrabbe – kein Nest baut, in das der Wurzelkrebs seine Eier schmuggeln könnte. Sie schleppt ihre eigenen Eier nämlich monatelang in Form eines großen Pakets an der Unterseite ihres Körpers mit sich herum. Da ist Erfindungsreichtum gefragt!

Unter den Wurzelkrebsen sind schon die Kleinsten kriminell. Die Larven suchen sich eine Strandkrabbe. Allerdings nur die weib-

Fürsorge für den „Kuckucks-Krebs".

lichen Larven – die männlichen haben erst später ihren Auftritt. Hat eine Larve es ins Innere der Krabbe geschafft, beginnt die Verwandlung. Und nicht nur ihre eigene! Der Parasit wächst zu einem wurzelartigen Geflecht heran, das den Wirtskörper durchzieht und sich von dessen Organen und Muskulatur ernährt. Zugleich verändert es auch das Aussehen der Strandkrabbe. Dort, wo normalerweise die Krabbe selbst ihre Eier deponiert, lässt das Krebs-Weibchen einen Brutsack wachsen, den es mit Eiern füllt (passenderweise gehört es der Gattung der „Sackkrebse" an).

Damit hat das Parasiten-Weibchen die Vorarbeit für die Ankunft des Männchens geschaffen. Sobald der männliche Wurzelkrebs die Eier befruchtet hat, wächst in dem Brutsack der Nachwuchs des Krebspaares heran. Die Strandkrabbe steht den Machenschaften der Krebse in ihr machtlos gegenüber und ist zum fremdbestimmten Brutapparat geworden. Sie behandelt die Eier des „Kuckucks-Krebses" wie ihre eigenen – schützt und säubert sie, bis sie dank des fürsorglichen Bemutterns zu Larven herangewachsen sind. Die sind nun selbstständig lebensfähig und es ist Zeit, in die Weiten des Meeres zu schwimmen. Also hüpft ihre unfreiwillige Adoptivmutter in der Strömung auf und ab, bis alle Larven den Weg ins Wasser gefunden haben.

Sacculina carcini beweist die Kuriosität der Parasitenwelt. Weil der Parasit seinen Wirt zur Mithilfe zwingt und die Herrschaft über seinen Körper übernimmt. Und weil er sich mit seiner parasitischen Lebensweise vollständig von der Strandkrabbe abhängig gemacht hat. Denn der erwachsene Parasit hat seinen Körper so weit reduziert, dass nichts mehr an einen frei lebenden Krebs erinnert und er nur im Wirtskörper lebensfähig ist. Aber eine Sache sorgt noch für eine Extraportion an Skurrilität:

Das Risiko ist groß, dass die weibliche Wurzelkrebs-Larve bei der Suche nach einem Wirt auf eine männliche Strandkrabbe trifft. Die sind natürlich völlig ungeeignet, denn das Herumtragen der Eier ist bei den Krabben Frauensache. Doch warum sollte der Parasit seine Suche nach einer weiblichen Strandkrabbe fortsetzen, wenn er sich einfach selbst eine erschaffen kann. Er erobert den Körper des Krabbenmännchens und verwandelt ihn – angefangen mit der Kastration und der Veränderung des Hormonhaushalts bis hin zur Verwandlung des Körpers – in den eines Krabbenweibchens. Am Ende kümmert es sich ebenso fürsorglich um die fremde Brut, wie es eine parasitierte Krabben-Mutter tun würde.

Eine Strandkrabbe trägt bis zu 200.000 Eier mit sich herum.

Der Saugwurm Leucochloridium paradoxum – feindliche Übernahme der Schneckenfühler

Ein Wurm, der aus Schnecken Zombies macht? Darf ich vorstellen: Leucochloridium paradoxum. Einen deutschen Namen hat der Saugwurm nicht und das obwohl der erste Fund dieser Art aus Deutschland stammt. Aber wie wäre es mit „Langstrumpf-Wurm"? Für seine farbenfrohe Ringelung könnten nämlich glatt die Strümpfe von Pippi Langstrumpf als Vorlage gedient haben. Die stellt er allerdings nur während einer kurzen Phase innerhalb seines Lebens zur Show – dazu später mehr.

Das Leben des Wurms beginnt ganz prunklos im Hinterteil eines Vogels. Aus dem Darm – wenn man so will seinem Geburtsort – geht's nämlich in die Kloake. Das ist der Teil des Körpers, an dem alles Wichtige passiert: Hier entspringt ein jeder Vogelschiss, der Vogel-Sex spielt sich hierüber ab und sogar die Eier erblicken auf diesem Weg das Licht der Welt – und eben auch Leucochloridium paradoxum. Ebenfalls als Eier, aber in weitaus kleinerer Variante.

Farbenfrohe Köder

Schnecken sind keine Gourmets. Auch wenn man bei den Gästen im Garten einen anderen Eindruck bekommt, aber ganz allgemein fressen sie, was auf den Tisch kommt. Ob ein knackiges Salatblatt oder ein fauler Apfel, ein Pilz im Wald oder einen Schneckenkumpel, der Opfer einer Wandergesellschaft wurde. Von Art zu Art sind die Vorlieben verschieden, versteht sich. Die Bernsteinschnecke arbeitet sich mit ihrer Raspelzunge durch Pflanzen hindurch – knackig oder gammelig, das ist ihr gleich.

Wer als Schnecke sein Versteck verlässt und nach Nahrung sucht, lebt gefährlich. Kein Vogel weit und breit? Noch lange kein Anlass, sich in Sicherheit zu wähnen! Die Gefahr für die Bernsteinschnecke lauert unverdächtig auf einem Blatt: der Kot einer Kohlmeise. Eine gesunde Portion Ekel hätte die Rettung für die Schnecke sein können. Doch sie frisst, ohne etwas zu ahnen, den Kot der Meise und mit ihm die darin enthaltenen Eier des Parasiten. Im Schneckendarm angekommen, schlüpfen die Larven und wandern weiter durch die Eingeweide. Sie machen mehrere Verwandlungen durch und vervielfachen sich. Nur wenige von ihnen verwandeln sich am Ende zum „Langstrumpf-Wurm“: Grün- oder braungeringelt strecken sich diese sogenannten Sporozysten als lange Schläuche durch den Schneckenkörper hindurch. Bis in die Fühler drängen sie und verfolgen farbenfroh pulsierend nur ein Ziel: gefressen zu werden.

Der Parasit lässt die Schnecke erblinden und übernimmt die Kontrolle. Statt sich in den Schutz des schattigen Pflanzendickichts zu flüchten, kriecht die Schnecke der Sonne entgegen. Auf einem Blatt sitzend wartet sie und blinkt dabei wie das Reklameschild eines Imbisses. Das gruselige Schauspiel weckt die Neugierde der Kohlmeise. Sie hält die Fühler der Schnecke für Raupen und schnappt zu. Im Darm der Vögel entwickeln sich die fertigen Würmer und mit einer neuen Ladung Wurmeier beginnt beim nächsten Vogelschiss der Kreislauf von vorne.

Wer Fallen baut, rennt nicht

„Fressen und Gefressen werden“ ist uns in diesem Buch bereits in den unterschiedlichsten Ausführungen begegnet.

LEIDER HABEN DIE GEJAGTEN da ein Wörtchen mitzureden und entwickeln Strategien, um den Jägern das Leben schwer zu machen. Die Jäger versuchen ihrerseits, die Strategien ihrer Opfer zu durchkreuzen. Einige von ihnen haben eine todsichere Lösung gefunden: das Fallenbauen.

Der Ameisenlöwe – wer anderen eine Grube gräbt, fällt selbst nicht rein

In der Welt von Star Wars lebt „Sarlacc“, ein Wüstenmonster, das verborgen im Sand lauert. Sein einziger Kontakt zur Außenwelt ist der riesige, mit dolchartigen Zähnen versehene Schlund, bereit, alles zu verschlingen, das nicht schleunigst das Weite sucht. Tja, Fantasy eben – mit der Realität hat das doch nichts zu tun? Oh, doch! Der Inspiration für Sarlacc können wir leibhaftig begegnen. Der Ameisenlöwe lebt unter uns – ganz wortwörtlich.

Kreisrunde Vertiefungen durchziehen den Sand, als wäre gerade eine Gruppe Nordic Walker mit ihren Stöcken vorbeigeeilt. Die Löcher messen kaum acht Zentimeter im Durchmesser und sind nicht einmal halb so tief. Doch unten am Grund lauert ein Ungeheuer. Sein sandfarbener Körper verschwindet in den Tiefen. Nur spitze Kieferzangen ragen aus dem Sand heraus und verraten seine Anwesenheit.

Ein Heer von Ameisenlöwen hat den Boden mit Fallen gespickt, bei deren Anblick sich Insekten fühlen wie Lara Croft auf dem Weg zur verborgenen Schatzkammer. Hunderte von ihnen warten verborgen im Boden darauf, dass ein vorbeikommendes Tier einen Fehler macht.

Der Ameisenlöwe ändert im Laufe seines Lebens seine Gestalt – und seinen Namen. Sein zwei Jahre andauerndes Leben im Untergrund endet mit dem Spinnen eines Kokons. Darin verwandelt sich der Ameisenlöwe mit seinen imposanten Waffen in ein geflügeltes, libellenähnliches Wesen: die Ameisenjungfer. Die Mehrzahl der Ameisenjungfer-Arten geht bei der Jagd wenig raffiniert vor: In hohlen Bäumen, am Waldboden, sogar auf Dachböden warten sie als Larven gut getarnt auf Beute. Nur drei Arten bauen hierzulande Trichter. Und damit machen sie Sarlacc alle Ehre.

Beim Bau seiner Falle überlässt der Ameisenlöwe nichts dem Zufall. Rückwärts gräbt er sich in den Sand hinein und arbeitet sich spiralförmig in die Tiefe. Seine Mundwerkzeuge sind nicht nur todbringende Waffen, sie dienen ihm auch als Werkzeuge. Damit wirft er den nachrutschenden Sand zur Seite. Das funktioniert am Anfang noch ohne Probleme. Aber vielleicht erinnern Sie sich noch an Ihre Sandkastenzeit: Je tiefer man mit der Schippe gebuddelt hat und je höher sich der Sand neben dem Loch auftürmte, umso mehr Sand rutschte nach. Es bedarf also einiger Kraftanstrengungen – und natürlich Köpfchen. Dem Ameisenlöwen macht hier, soviel sei verraten, so schnell keiner etwas vor. Bis zu 30 Zentimeter weit schleudert er den Sand weg – und das, obwohl er selbst nur rund einen Zentimeter misst. Ohne Ihnen zu nah treten zu wollen, aber werfen Sie mal einen Ziegelstein 50 Meter weit! Selbst wenn Sie das schaffen würden, wären Ihnen schwere Arme nach kurzer Zeit garantiert. Nicht so beim Ameisenlöwen. Er schafft das ohne Probleme. Und das sogar freihändig, nur mithilfe seiner Mundwerkzeuge.

Eines meiner größten Ärgernisse: Wir Menschen unterschätzen die Natur ständig. Es scheint ein richtiger Reflex zu sein, anderen Tieren (und Pflanzen, dazu später mehr) alles an Fähigkeiten abzusprechen, die wir für uns gepachtet haben. Zähneknirschend mussten wir mittlerweile eingestehen, dass Tiere eben doch Schmerzen empfinden, Werkzeuge benutzen und Pläne schmieden. Zu allem Überfluss fand man nun sogar heraus, dass Elefanten einander beim Namen rufen, pardon, trompeten. „Hey, Gertrude – starker Auftritt neulich am Wasserloch!“ Aber ich schweife ab.

Auch der Ameisenlöwe wirft keinesfalls wahllos mit Sand um sich, sondern verfolgt eine Strategie. Er sortiert den Sand. Für seine Falle benötigt er feinen Sand, der leicht ins Rutschen gerät. Deswegen beseitigt der Fallenbauer die groben Sandkörner. Auch das spiralförmige Hineingraben passiert nicht ohne Hintergedanken: Es ist schlichtweg die Arbeitsweise mit dem geringstmöglichen Zeitaufwand. Der Ameisenlöwe baut schließlich nicht zum Spaß Trichter.

Sobald der Bau abgeschlossen ist, zieht sich der Ameisenlöwe in den Sand zurück. Hier harrt er aus, tagelang. Sogar monatelang könnte er hungern, wenn's sein muss. Doch eine unachtsame Ameise beendet das Warten. Sie ist dem Trichter zu nah gekommen und löst damit eine Lawine aus. Je mehr sich die Ameise gegen das Hinabschlittern wehrt, desto schneller rieselt der Sand unter ihr weg. Aber unterschätzen Sie nie eine Ameise. Sie kämpft sich mit einem eisernen Willen dem rettenden Trichterrand entgegen. Dabei hat sie es mit einer Steigung von über 55% zu tun. Damit Sie sich darunter etwas vorstellen können: den Guinness-Weltrekord für die steilste Straße (ungelogen, den gibt's wirklich) hält eine Straße in Neuseeland mit läppischen 35%. Die steilste Straße in Deutschland liegt übrigens in Hessen und bringt es noch nicht einmal auf 30%. Die Ameise hätte es mit der gewaltigen Steigung wohl aufnehmen können. Doch der Ameisenlöwe weiß, unten im Trichter wartend, genau, wie er das Entkommen der Ameise verhindern kann. Plötzlich trifft sie ein Schwall Sand und bringt den Untergrund wieder ins Rutschen, bevor sie sich in Sicherheit bringen kann.

Der Ameisenlöwe kann monatelang im Sand seiner Beute auflauern!

Mit feinen Sensoren ausgestattete Borsten bedecken den Körper des Ameisenlöwens. Sie haben ihm genau verraten, aus welcher Richtung sich die Beute nähert, und er musste sie nur noch im richtigen Moment mit Sand bewerfen, um ihr Schicksal zu besiegeln.

Die Ameise rutscht ihm direkt vor die spitzen Greifzangen. Damit packt der Ameisenlöwe sie, bevor er sie mit einem Biss lähmt. Mit dem Gift bekommt die Ameise eine Ladung Verdauungssaft verpasst, der ihr Inneres auflöst. Das Mahl ist bereitet! Über Stunden saugt der Fallensteller seine Beute aus, bevor er die leere Hülle über den Trichterrand wirft.

Die Dreiecksspinne – alle Fäden in der Hand

In einem Kapitel über Fallensteller auf Spinnen zu sprechen zu kommen, ist fast schon zu naheliegend. Wir sprechen hier aber nicht über irgendeine Spinne! Die Dreiecksspinne hat eine einmalige Konstruktion entwickelt. Stellen Sie sich einmal vor, Sie spazieren eines schönen Abends durch den Wald und genießen die letzten Sonnenstrahlen. Da rauscht ein Netz auf Sie herab und hält Sie gefangen! So ergeht es den unglücklichen Tieren, die in die Falle einer Dreiecksspinne tappen. Das Netz erinnert an ein Wurfnetz, nur dass die Spinne es selbstverständlich nicht wirft. Lassen Sie es mich erklären: Wenn Sie an ein Spinnennetz denken, haben Sie vermutlich ein rundes Netz vor Augen, das senkrecht in der Luft hängt. Gerade so, dass man beim Gang in den Keller zuverlässig hineinläuft – oder man, wenn man eine Fliege ist, geradewegs hineinfliegt. Das Netz dieser speziellen Spinnenart hat damit denkbar wenig zu tun. Es ist weder rund noch senkrecht gespannt und würde eine Fliege davorfliegen, würde sie einfach abprallen. Anders als die gewöhnlichen Spinnennetze im Keller, besitzen die Spinnfäden der Dreiecksfäden nicht den Hauch von Klebstoff. Bei dem, was die Spinne im Schilde führt, ist das auch vollkommen unnötig.

Die Dreiecksspinne hat scheinbar schon kurz nach dem Baubeginn die Lust verloren. Ihr Netz besteht nur aus vier Radialfäden – das sind die Fäden, die bei anderen Spinnennetzen von der Mitte aus zum Rand führen und das Netz unterteilen wie eine Pizza, die auf etwas zu viele Personen aufgeteilt wird. Zwar besitzt das Netz eine Größe von rund 20 Zentimetern, es sieht aber eben so aus, als hätte die Spinne den Großteil vergessen zu weben. Es wirkt eher wie ein dreieckiges Sonnensegel, nur dass es keinen Schatten wirft. Und noch etwas ist ungewöhnlich: Während andere Spinnen ihr Netz an Pflanzen befestigen und warten, bis ein Insekt sich darin verfangen hat, nimmt die Dreiecksspinne die Fäden selbst in die Hand. Zumindest einen Faden. Damit verwandelt sie ihr Netz von einer passiven Falle in eine aktive Waffe.

Mit ihren vorderen Beinen hält die Dreiecksspinne den Faden fest, der das Netz schräg nach oben spannt. Dank ihrer Körperlänge von nur wenigen Millimetern ist sie über dem Netz lauernd kaum zu erkennen. Sie hält den Faden solange gespannt, bis zum Beispiel eine Fliege darunter herfliegt. Dann lässt sie ihn blitzschnell locker, wodurch das Netz in sich zusammenfällt. Die Dreiecksspinne hat dabei nicht nur das Überraschungsmoment auf ihrer Seite. Auch das Baumaterial wird zur tödlichen Falle. Zwar hat sie keinen Klebstoff verwendet, dafür aber etwas genauso Wirksames: die Kräuselfangwolle. Tausende ihrer Spinnfäden hat sie mit einem an ihren Beinen sitzenden Kamm zu feiner Wolle verarbeitet. Die gewaltige Oberfläche der Fangwolle hält ihre Beute ebenso erfolgreich gefangen, wie es die klebrigen Spinnfäden ihrer Verwandten tun.

Spinnenfäden ohne Klebstoff

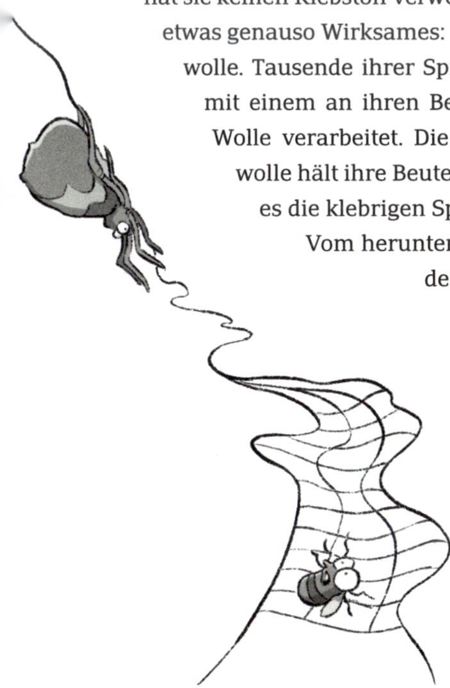

Vom heruntergefallenen Netz umwickelt bleibt der Fliege nichts übrig, als auf ihren Tod zu warten. Anders als es in anderen Spinnennetzen der Fall gewesen wäre, steht ihr nicht der Gifttod bevor. Ihre Giftdrüsen hat die Dreiecksspinne im Laufe der Evolution ebenso eingebüßt wie den Rest ihres Netzes. Deswegen spinnt sie die Fliege zu einem bewegungsunfähigen Klumpen ein und verdaut sie dann mitsamt der Seide.

Übrigens: Noch etwas fehlt der Dreiecksspinne – genauer gesagt, den Dreiecksspinnen-Männchen: ein Penis. Keine Sorge, das ist ganz normal unter Spinnen. Damit das mit der Paarung trotzdem klappt, besitzen sie einen Ersatz. Ihr Sperma übertragen sie mithilfe ihrer am Kopf sitzenden Taster. Bei den meisten Spinnen-Männchen ist die Größe überschaubar. Bei den Dreiecksspinnen-Männchen sind sie dagegen fast so groß wie der gesamte Vorderleib. Na immerhin, bei all den Entbehrungen, die die Dreiecksspinne im Laufe der Evolution verkraften musste!

Die Speispinne – Revolverheld auf acht Beinen

Bei Nacht schleicht die Speispinne durch die Häuser. Tagsüber hat sie sich im Schatten von Schränken und Bilderrahmen versteckt. Auch wenn Spinnen nicht zu ihren liebsten Untermietern gehören sollten, können Sie unbesorgt sein. Die Speispinne nimmt es größentechnisch kaum mit einem Stecknadelkopf auf und hegt kein Interesse an Menschen. Es sei denn, diese haben lange nicht geduscht und werden von Fliegen umschwärmt.

Wenn die Speispinne spuckt, wird's klebrig.

Die Speispinne hat mit einer ausgeprägten Kurzsichtigkeit zu kämpfen. Nur mithilfe feiner Härchen an ihren vorderen Beinen schafft sie es überhaupt, Nahrung zu finden. Damit erfühlt sie sogar den feinsten Luftzug, den eine Fliege in der Luft verursacht. Solange die Tierchen stillstehen, sind sie vor der Speispinne sicher – dann läuft sie einfach dran vorbei. Wer sich bewegt, verliert. Fluchtversuche sind zum Scheitern verurteilt. Die Speispinne ist der Revolverheld unter den Spinnen und kein bisschen weniger tödlich als Billy the Kid oder Lucky Luke. Ob die Speispinne schneller ihren Revolver ziehen kann als ihr Schatten? Wer weiß.

Statt Kugeln feuert die Speispinne klebrige Fäden auf ihre Beute ab. Bis zu zwei Zentimeter weit (eine ordentliche Leistung für eine so kleine Spinne) spuckt sie diese auf ihre Opfer. Und das in Höchstgeschwindigkeit. So schnell, dass es für unsere Augen unsichtbar ist. Innerhalb von etwa einer Hundertstelsekunde hat die Fliege eine klebrige Packung abbekommen. Bei der Geschwindigkeit kommen sogar Hochgeschwindigkeitskameras an ihre Grenzen. Mit bloßem Auge erkennen wir nicht einmal ein Zucken, nur eine Sache hat sich für uns verändert: Die Fliege schwirrt nicht mehr in der Luft, sondern hängt an der nächsten Wand, fixiert von einem klebrigen Faden. Reicht eine Ladung nicht aus, legt die Speispinne nach. Zickzackförmig spuckt sie solange Leim auf ihre Beute, bis diese vollkommen bewegungslos gefesselt ist.

Der Leim stammt aus umgewandelten Giftdrüsen und ist deshalb nicht nur klebrig, sondern auch giftig. Dünnhäutige Beutetiere, die keinen schützenden Panzer besitzen, sind bereits gelähmt, bevor die Spinne ihren Giftbiss ansetzt. Danach befreit die Spinne an Ort und Stelle ihren Snack von Leimresten und saugt ihn aus. Das Talent zum Festkleben ist den Speispinnen in die Wiege gelegt. Schon wenige Tage nach dem Schlupf aus dem Ei fangen sie auf diese Weise ihre ersten Opfer.

Der Buckelwal – mit der Luftnummer zur fetten Beute

Der Buckelwal ist vermutlich das Tier in diesem Buch, das die meisten Rekorde hält. Die männlichen Wale singen von allen Tieren die längsten und komplexesten Lieder. Und Buckelwale sind mit bis zu 17 Metern Länge nicht nur wahre Giganten, sie legen auch eine der längsten Wanderungen im Tierreich zurück.

Trotz ihrer gewaltigen Größe ernähren sich Buckelwale von eher kleinen Meeresbewohnern, wie Krill-Krebsen oder Heringen. Dabei gilt: Die Masse macht's. Bis zu 1.400 Kilogramm Nahrung vertilgt ein ausgewachsener Buckelwal. In den Weiten der Meere braucht es erst einmal eine geeignete Technik, damit neben der Beute nicht Unmengen an Wasser im Magen landen. In Ermangelung an Kiemen, durch die einige Meeresbewohner das überschüssige Wasser loswerden, haben Bartenwale, zu denen die Buckelwale gehören, ein anderes Werkzeug entwickelt: ihre Barten. Entdecken die Wale einen Heringsschwarm, schwimmen sie mit weit geöffnetem Maul hindurch, schließen es und drücken das Wasser durch die Barten hinaus wie durch ein Nudelsieb. Für diese Technik, das „Schluck-Filtrieren" gibt es allerdings eine Einschränkung: Die Beute muss in möglichst hoher Dichte im Meer herumschwimmen. Um da nachzuhelfen, formen Buckelwale Netze.

Fallensteller der Ozeane.

Beim Fischen vollführen die Wale einen komplizierten Tanz. In engen Spiralbewegungen schwimmen sie der Wasseroberfläche entgegen, umkreisen dabei den Heringsschwarm, treiben ihn zusammen und sperren ihn in ein Netz aus Luftblasen. Das ist ebenso wirkungsvoll wie es ein Netz aus Plastikschnüren wäre. Dann tauchen die Wale ab, nur um ihren Fang mit geöffneten Maul zu durchschwimmen. Vier Meter kann der Durchmesser der Netze messen. Buckelwale sind überaus sozial – das schließt auch die Jagd nicht aus. In Gruppen von bis zu 20 Tieren werfen sie ihre Netze aus und umspannen damit Durchmesser von bis zu 25 Metern. Das kooperative Luftblasennetz-Fischen erscheint chaotisch, ein Gewirr aus aufsteigenden Luftblasen, springenden Fischen, Walen mit weit geöffneten Mäulern und Möwen, die sich einen Happen sichern. Aber alle Schritte sind genau aufeinander abgestimmt und jedes Individuum und jede Region hat einen eigenen Stil. Übrigens: Nicht alle Buckelwale beherrschen diese Form der Jagd. Das Wissen über die Technik ist nicht angeboren, sondern wird erlernt und weitergegeben.

2011 beobachteten Meeresforschende eine bis dahin unbekannte Technik: das „Fallen-Fressen". Als wären sie unter Wasser lebende Venus-Fliegenfallen, harren die Buckelwale mit weit aufgesperrtem Maul an der Wasseroberfläche aus. Bis zu 90 Sekunden lang tun sie nichts als warten. Warten darauf, dass Fische in ihr Maul schwimmen. Nach Fischen jagende Meeresvögel, wie die Trottellummen, kommen ihnen dabei unabsichtlich zu Hilfe. Panisch flüchten die Fische vor den ins Wasser schnellenden Schnäbeln und suchen Schutz im scheinbar einzigen Versteck, das ihnen die Weite des Meeres bietet: dem weit geöffneten Maul des Wales. Dass sie geradewegs ins Verderben schwimmen, ahnen sie wohl nicht. Anfänglich beobachteten die Forschenden nur einen Buckelwal, der diese Technik beherrschte. Wenige Jahre später waren es mehr als ein Dutzend, die teils Seite an Seite ihre Fallen aufsperrten. Buckelwale geben nicht nur ihr uraltes Wissen von Generation zu Generation weiter, sie sind auch so intelligent, dass sie neue Ideen entwickeln.

Die Falle bin ich

Schnelligkeit lohnt sich. Es ist also im Vorteil, wer nicht erst lange ein Netz bauen muss.

DER EIN ODER ANDERE Jäger hat deshalb eingebaute Fallen entwickelt. So lässt sich jederzeit zuschnappen – und man muss sich dafür noch nicht einmal von der Stelle bewegen.

Der Anglerfisch – mit falschem Köder ins Verderben

Kennen Sie diese Schauermärchen, mit denen Eltern ihren Kindern Angst einjagen, in der Hoffnung, dass sie dann brav sind? Fischeltern erzählen die Geschichte vom Anglerfisch, da würde ich drauf wetten. Der Anglerfisch ist der fleischgewordene Albtraum eines jeden Fischchens. Der Anblick alleine würde schon ausreichen: über einen Meter lang, ein schuppenloser, dafür mit Auswüchsen übersäter Körper und ein mit dolchartigen Zähnen besetztes Maul, das fast genauso breit ist wie der Kopf. „Wenn du nicht brav bist, holt dich der Anglerfisch!" Eine wirkungsvollere Drohung gibt es für Fischkinder wohl nicht. Doch im Gegensatz zu den Schauermärchen unserer Eltern ist diese Geschichte wahr!

Ich persönlich liebe Tiefsee-Dokumentationen. Dort tummeln sich die kuriosesten Wesen. Der Dumbo-Oktopus ist einer von ihnen. Neben seinen Augen sitzen zwei elefantenohrenartige Flossen und damit ist er echt wahnsinnig niedlich. Andere Tiefseebewohner sind so gruselig, dass man beim Strandausflug heimlich hofft, sie verirren sich nicht gerade an diesem Tag an die Meeresoberfläche. Der Tiefsee-Anglerfisch gehört, da können wir uns sicherlich drauf einigen, zu letzterer Sorte. Da es in den Tiefen des Meeres zappenduster ist, sieht man zunächst nur ein friedlich hin- und herschaukelndes Licht. Erst die Lichtkegel der U-Boot-Scheinwerfer machen den Besitzer der Laterne sichtbar: Der Tiefsee-Anglerfisch lockt Fische mit seiner leuchtenden Angel herbei – und verschlingt sie, sobald sie direkt vor seinem riesigen Maul schwimmen.

Tiefsee-Anglerfische sind eine kuriose Laune der Natur. Als hätten sie ihr gesamtes Gruseltalent zusammengenommen, um für ordentlich Gänsehaut zu sorgen. Weit über 100 Arten von Tiefsee-Anglerfischen kennen wir heute, die sich noch in Tausenden Metern Tiefe tummeln. Dabei hat das Talent allerdings nur für die Weibchen gereicht. Den männlichen Anglerfischen fehlt sowohl die leuchtende Angel als auch einiges an Größe. Es sind Zwergmännchen, zehnmal, teils sogar sechzigmal kleiner als ihre Partnerinnen! Und noch was ist bei ihnen, naja, sagen wir – ungewöhnlich. Bei einigen Arten von Tiefsee-Anglerfischen ist das Eingehen einer lebenslangen Bindung üblich – inklusive Treue bis in den Tod. Wenn die Männchen in den Weiten der Tiefsee eine Partnerin finden (was keine leichte Angelegenheit ist) setzen sie alles auf eine Karte. Sie hauen ihre Zähne in den Körper des riesigen Weibchens und lassen nicht wieder los – nie wieder. Und jetzt wird's richtig bizarr: Der Kopf des Männchens löst sich auf (den brauchen sie nämlich nicht mehr) und ihr Körper verschmilzt mit dem des Weibchens. Der fremde Blutkreislauf ernährt sie fortan. Kein schlechter Deal für die weiblichen Anglerfische – immerhin haben sie sich auf diesem Weg ein ständig Spermien produzierendes Sexualorgan gesichert.

Der Anglerfisch hat seine eigene Angel!

Die gute Nachricht für Ihren Strandausflug: Solange Sie an der deutschen Küste bleiben, begegnet ihnen kein

Tiefsee-Anglerfisch beim Baden. Die schlechte Nachricht: Auch dort leben Anglerfische, nur sind es keine Bewohner der Tiefsee (dafür sind unsere Meere zu flach) und leuchten tun sie auch nicht. Unser heimischer Anglerfisch, der Seeteufel, lauert seiner Beute geduldig auf. Mit seinem flachen Körper macht er sich am Meeresgrund unsichtbar. Nur ein Teil seiner Rückenflosse ragt in die Höhe. Wie eine Angel lässt er sie in der Strömung treiben. Eine zu große Verlockung für zufällig vorbeischwimmende Fische. Sie schlucken den an der Angel drapierten Köder – oder probieren es zumindest. Denn sobald sie dort sind, wo der Seeteufel sie haben möchte, reißt er sein riesiges Maul auf und saugt die Fische ein. Legt sich der aufgewirbelte Sand, verschmilzt der Jäger wieder mit dem Meeresgrund und wartet auf sein nächstes Opfer.

Der Sonnentau – glitzernde Fallen

An dieser Stelle kann ich es Ihnen wohl verraten: Egal wo – ob in der Pflanzenabteilung des Baumarktes oder im Supermarkt zwischen mitleiderregend dreinschauenden Küchenkräutern – wenn ich irgendwo eine Venusfliegenfalle entdecke, drängt sich mir der Gedanke auf, meinen Finger in die Falle zu halten. In solchen Momenten muss ich mich mit ganzer Kraft dazu zwingen, nicht vor der fleischfressenden Pflanze auf die Knie zu fallen und mich als schmackhaftes Insekt auszugeben. Als ich einmal nicht widerstehen konnte, packte mich sogleich das schlechte Gewissen. Vielleicht nagte es aus dem Grund an mir, weil ich ausnutze, dass die Venusfliegenfalle nicht das hellste Licht im Pflanzenreich ist. Sie kann nämlich nicht unterscheiden zwischen einem proteinreichen Insekt, meinem Finger oder einem unverdaulichen Plastikstäbchen. Die Reaktion ist immer die gleiche: Die Härchen im Inneren der Klappe registrieren die Bewegung und die Falle schnappt zu. Da ist eine vor unserer Haustür beheimatete Insektenfresserin mit deutlich mehr Intelligenz gesegnet. Bevor sich jemand darüber aufregt: Pflanzen besitzen natürlich keinen Kopf mit einem Gehirn darin wie wir Menschen. Das hält sie aber nicht davon ab, ihre Umgebung genau wahrzunehmen und Probleme zu lösen. Seit einigen Jahren wird sogar eine Art Nervensystem erforscht, das in den Wurzelspitzen von Pflanzen sitzt und für sie eine „Kommando-Zentrale" sein könnte, wie es für uns das Gehirn ist.

Der Sonnentau jedenfalls, jene bei uns heimische Pflanze, lässt sich nicht so leicht hinters Licht führen. Und mit seinen Tricks fängt er auch schon viel früher an. Die Blätter sind ein Gewirr aus Tentakeln, an deren Enden Tropfen im Sonnenlicht glitzern. Für Fliegen ist der Sonnentau eine Versuchung, der sie nicht widerstehen können. Vielleicht liegt es an dem Versprechen durststillender Tautropfen. Vielleicht aber auch an dem Rot der Pflanze, das an bestens zur Eiablage geeignetes Fleisch erinnert. Oder an dem süßen Geruch, der mit Zucker gespickten Tropfen. Vielleicht ist es auch alles drei. Im Ergebnis schwirren die Fliegen geradewegs in die Fänge des Sonnentaus, anstatt das Weite zu suchen. Dabei sind sie in guter Gesellschaft: Libellen, Grashüpfer, Schmetterlinge und Spinnen tappen ebenfalls in die Falle und gehen dem Sonnentau auf den Leim.

Pflanze mit Tast- und Geschmackssinn

Genau das ist das Stichwort: Bei den Tropfen handelt es sich nicht um Tau. In Wahrheit produziert der Sonnentau einen klebrigen Schleim und der Zucker darin ist allenfalls eine Henkersmahlzeit. Eine leichte Berührung reicht aus, um ein vorbeifliegendes Insekt zu fangen. Die Befreiungsversuche sorgen nur dafür, dass die Situation immer auswegloser wird. Wie eine Hand krümmen sich die Tentakel, umschließen die Beute und ersticken sie unter Schleim. Der Sonnentau nimmt neben seinem Tast- auch seinen Geschmackssinn zu Hilfe. Zwar reicht das Gewicht eines menschlichen Haares aus, um die Aufmerksamkeit der Pflanze zu wecken. Am Ende fällt sie aber nicht auf die Täuschung herein. Gerät ein schwer verdauliches Steinchen in den Schleim, unternimmt sie nicht ein-

Glitzert wie Wasser, aber bringt den Tod.

mal den Versuch der Verdauung. Nimmt sie hingegen den im Todeskampf abgesetzten Kot einer Fliege wahr (Gummibärchen nimmt sie übrigens auch), legt sie sogleich mit dem Verdauen los. Alles, was Stickstoff bietet, weckt ihr Interesse. Das hat schon Charles Darwin herausgefunden und ausprobiert, welche Substanzen am erfolgreichsten ein Insekt vortäuschen (es war Ammoniumphosphat).

Die klebrige Masse hat der Sonnentau längst nicht nur als Falle zubereitet. Sie funktioniert zugleich als Magen, nur dass er außen statt innen liegt. Verdauungsenzyme lösen die Fliege Stück für Stück auf. Innerhalb von Tagen ist von ihr nur noch die leere Hülle übrig. Mit dieser kulinarischen Eigenheit ist dem Sonnentau die Besiedlung scheinbar lebensfeindlicher Landschaften gelungen. Die baumlosen Ebenen der Hochmoore gehören dazu. Der Boden bietet hier so wenig Nährstoffe, dass nur Bewohner mit Einfallsreichtum überleben, wie der Sonnentau. Dem können nur wenige Nachbarn im Moor das Wasser reichen. In Brasilien zum Beispiel ist eine Schwebfliegen-Art dazu übergegangen, die fleischfressenden Pflanzen zu beklauen. Sie hat zwischen den tödlichen Tentakeln ihre Kinderstube. Dort fressen die Schwebfliegen-Larven die Beute, ohne dabei selbst verdaut zu werden: Kleptoparasitismus mit einer ordentlichen Portion Nervenkitzel. Wer weiß, ob irgendwo in den Tiefen unserer Moore bereits eine Schwebfliege auf die gleiche Idee gekommen ist!

Der Wasserschlauch – Klappe zu, Wasserfloh tot

Der Wasserschlauch reiht sich ein in die Pflanzen, die unseren Blick auf die Natur gehörig durchgeschüttelt haben. Über Wasser lässt der Wasserschlauch mit seinen gelben Blüten nichts Kriminelles vermuten. Er wirkt einfach wie eine schöne, unschuldige Blume, die – wie man es von ihr erwartet – Insekten mit Nektar versorgt. Unter der Wasseroberfläche offenbart sie allerdings ihr wahres Gesicht. Abertausende Blasen verwandeln das Wasser in ein Minenfeld. Noch vor rund zwei Jahrhunderten trauten wir der Pflanze die Fähigkeit, Tiere zu fangen, nicht zu. Wir unterstellten, dass die Blasen schlichtweg für Auftrieb sorgten. Allgemein tat man sich früher schwer mit dem Gedanken, dass nicht nur Tiere Pflanzen fressen, sondern auch andersrum. Selbst als niemand mehr abstreiten konnte, dass Wassertiere in den tödlichen Fangblasen landen, war damit das Rätsel um die Pflanze noch lange nicht gelöst. Und so ganz ist es das auch heute noch nicht.

High-Speed-Pflanzen

Wasserflöhe gehören zur Lieblingsbeute des Wasserschlauchs. Die Krebse sind sehr klein und sehr quirlig. Die Pflanze erwischt sie nur, weil sie sich auf ihre eigene Schnelligkeit verlassen kann. Damit überhaupt ein Wassertier in die Fallen tappt, muss der Wasserschlauch ein entscheidendes Problem lösen: Er kommt nicht von der Stelle. Eine Einschränkung, die er mit seinen pflanzlichen Nachbarn teilt, was die Sache für ihn aber nicht weniger ärgerlich macht. Ein Plan muss also her – und der geht so: Wenn er nicht zu den Tieren kommt,

Schön, schnell und heimtückisch

sorgt er einfach dafür, dass die Tiere zu ihm kommen. Früher oder später schwimmt ein Wasserfloh vorbei, wobei der Wasserschlauch dem Zufall auf die Sprünge hilft und seine Beute mit einem zuckerhaltigen Schleim anlockt. Lange Anhängsel lotsen den Wasserfloh geradewegs in die Falle. Sobald er die Fangblase berührt, setzt ein Mechanismus in Gang: Eine bis dahin fest verschlossene Klappe öffnet sich, das Wasser wird mitsamt Wasserfloh eingesogen und zack, die Klappe schließt sich wieder. Der Krebs ist gefangen und fertig zur Verdauung. Egal, wie lange wir ins Wasser starren, das Ganze werden wir niemals mit ansehen. Nur etwa zwei Millisekunden dauert das Auf- und Zuklappen – die schnellste Bewegung unter fleischfressenden Pflanzen und eine der schnellsten Bewegungen im Pflanzenreich überhaupt. Das als einen „Wimpernschlag" zu beschreiben, wäre die reinste Untertreibung – der dauert bei uns Menschen im Schnitt nämlich 100 bis 150 Millisekunden.

Wie die Pflanze diese Rekordgeschwindigkeit erreicht, konnte erst eine High-Speed-Kamera zeigen. Der Wasserschlauch hat den Hinterhalt schon eine Stunde zuvor vorbereitet. Über mikroskopisch kleine Drüsen hat er das Wasser aus dem Inneren seiner Fangblase nach draußen gepumpt. Die Wände haben sich in der Folge nach innen gewölbt. Das entstandene Vakuum sorgt dafür, dass Wasser eingesogen wird, sobald sich die Klappe der Blase öffnet. Über die berührungsempfindlichen Borsten wird das Signal dazu gegeben. Die Erforschung, wie diese Signale funktionieren, gestaltet sich allerdings schwierig. Kein Wunder, wie will man auch das Aufspringen einer Klappe untersuchen, wenn die Klappe aufspringt, sobald auch nur ein Untersuchungsgerät in die Nähe kommt?

Der Aronstab – Odeur de Gully

„Wie bin ich hier nur gelandet?!", grummel ich leise und versuche dabei nicht zu atmen. Ich stehe im Wald, zu meinen Füßen die Blüte des Aronstabs. Ich unterdrücke ein Würgen. Selbst Schuld, niemand zwingt mich, seit einer gefühlten Ewigkeit mit der Kamera (und vor allem mit meiner Nase) über dem kelchförmigen Blütenstand zu hängen. Ich verfluche meine Neugierde und beeile mich, die Aufnahmen in den Kasten zu bekommen, bevor das Ganze ein unschönes Ende nimmt.

Kaum zu glauben, aber mit dem Gestank möchte der Aronstab seine Attraktivität steigern. Angeblich soll er nach Urin riechen. Glauben Sie mir, ich bin im Ruhrgebiet aufgewachsen und gegen die Blüte dieses Gewächses ist eine Unterführung am Hauptbahnhof selbst am Samstagabend noch wohlriechend. Bitte nicht falsch verstehen, ich mag das Ruhrgebiet wirklich, aber an einigen Orten birgt es doch olfaktorische Herausforderungen. Wenn Sie Psychoda grisescens, eine Angehörige der Schmetterlingsmücken-Familie, beobachten möchten, kann ich Ihnen solche Orte nur ans Herz legen. Ich mag auch die Schmetterlingsmücke, fast noch mehr als das Ruhrgebiet. Sie hat ein Fell wie ein Kuscheltier und wenn sie mit dem Kopf nach unten sitzt, formen ihre Flügel ein Herz. Das sieht man allerdings nur beim genauen Hinsehen, sie misst nämlich kaum mehr als einen Millimeter. Ein wirklich schönes Tier, aber sie hat eben eine Vorliebe für Orte, an denen es stinkt. Die „Abortfliege“ oder „Gullyfliege“ tummelt sich in der Nähe von Kläranlagen, Jauchegruben oder Orten, wo es nach Pis… naja, Sie wissen schon. Kein Wunder, dass sie auch die Blüten des Aronstabs umschwirrt. Plan aufgegangen!

Der Aronstab stinkt nach Urin: sein Geheimrezept für Attraktivität!

Angelockt vom Duft, hält die Schmetterlingsmücke auf das aufragende Hochblatt zu. Zu ihrem Pech ist der Landeplatz geschmiert. Dafür hat der Aronstab gesorgt und ordentlich Öl verteilt. Die Besucherin schlittert also ohne Zwischenhalt hinab zum Blütenkolben. „Ha, wenn ich nicht hochlaufen kann, fliege ich halt“, denkt sie sich dann vermutlich und prallt gegen ein Hindernis. Auf dem Weg nach unten ist die Schmetterlingsmücke geradewegs an den borstenförmigen männlichen Blüten vorbeigerutscht. Jetzt versperren sie ihr den Ausgang.

Über den Wald bricht die Dämmerung herein. Nachdem die Frühlingssonne tagsüber ihre Wärme verbreitet hat, fallen die Temperaturen nun schlagartig. Da sind Tiere wie die im Aronstab festsitzende Schmetterlingsmücke froh um ein geschütztes Plätzchen. Mittlerweile müssen wir wohl schon von Freiheitsberaubung sprechen, der versperrte Ausgang ist nämlich kein Zufall. Zur Verteidigung des Aronstabs: Er schmeißt im Blüteninneren die Heizung an – bei kuscheligen 35 °C harrt seine Gefangene aus. Dankbarkeit kann die Pflanze dafür nicht erwarten, sie heizt nämlich aus Eigennutz. Die Wärme wirkt wie ein Diffusor für Raumduft, nur dass er einen penetranten Urin-Duft verbreitet, um weitere Opfer herbeizulocken. Immerhin, auch für Verpflegung ist gesorgt. Die weiblichen Blüten bereiten ein zuckerreiches Mahl. Im Verlaufe der Nacht explodieren noch dazu die Staubbeutel der männlichen Blüten und überziehen die gefangene Schmetterlingsmücke mit einer Schicht Blütenstaub.

Endlich: Am Morgen können die kleinen Mücken aufatmen. Die Borsten am Ausgang verwelken und machen den Weg frei für die Flucht. Die Schmetterlingsmücke ist mit dem Schrecken davongekommen und man könnte annehmen, sie macht in Zukunft einen Bogen um das stinkende Gewächs. Nichts da, der Duft ist viel zu verlockend. Und so tappt sie wieder und wieder in die Falle – und trägt die Blütenpollen von einer Pflanze zur nächsten.

Der Fliegentöter – nekrophile Fliegen

Auf dem Fensterbrett hat eine Stubenfliege ihre letzte Ruhestätte gefunden. Von Ruhe fehlt aber leider jede Spur! Ein männlicher Artgenosse umschwirrt das tote Fliegenweibchen. Es ist in Paarungsstimmung. Klingt kurios? Dabei ist Nekrophilie unter Fliegen keine Seltenheit. Nur den Verantwortlichen dafür kann man nicht zur Rechenschaft ziehen, der löst sich nämlich nach seiner Tat in Luft auf.

Tagelang wuchs der Fliegentöter durch die Fliege hindurch. Am Ende brachte er den Tod. In weiser Voraussicht hat der Pilz die

Fliege zuvor an eine erhöhte Stelle gelotst. In dem Fensterbrett hat er einen Ort gefunden, an dem er seinen Plan ausführen kann. Nur Stunden nach dem Fliegentod wächst der Pilz aus dem Körper heraus. Er hüllt die Fliege in einen weißen Pelz und benutzt sie als Startrampe. Pilzsporen wirbeln in die Luft und legen sich wie eine Staubschicht um ihren toten Wirt herum. Andere Fliegen sollten lieber einen Bogen um den Tatort machen. Beim Anblick eines vom Pilz dahingerafften Fliegenweibchens lassen Fliegenmännchen allerdings alle Vorsicht fallen. Sie versuchen, sich zu paaren – erfolglos, zumindest für das Insekt. Der Erfolg ist auf der Seite des Pilzes. Er hat in dem nekrophilen Männchen ein neues Opfer gefunden.

Tote Fliegen als Sexfalle

Die Frage, warum Fliegenmännchen auf die toten Fliegenweibchen stehen, hat Forschenden lange Kopfzerbrechen bereitet. Deswegen untersuchten sie die Reaktion von Männchen – einerseits auf vom Pilz getötete, andererseits auf tote, aber nicht mit dem Pilz infizierte Fliegenweibchen. Dabei fanden sie heraus: Nicht die toten Weibchen machen die Anziehungskraft aus, sondern der Pilz. Die Männchen unternahmen bei vom Pilz getöteten Artgenossinnen nämlich deutlich häufiger Begattungsversuche – vorausgesetzt, das Weibchen war rund einen Tag tot und die Pilzsporen bereits in der Umgebung verteilt. Der Pilz wirkt auf die

Männchen wie ein Aphrodisiakum, und das sogar über weite Entfernungen hinweg. Die Anwesenheit einer potenziellen Partnerin brauchte es im Labor gar nicht, denn der Pilz hat den Forschenden sein Geheimrezept verraten. Somit haben sie es geschafft, die Falle nachzubauen.

Nicht genug, dass die Fliegenmännchen vom Pilz in eine fiese Sexfalle gelockt werden. Die Forschungsergebnisse könnten ihr Leben nun noch gefährlicher machen. Denn sogleich ist die Idee einer modernen Fliegenfalle entstanden – mit Aphrodisiakum à la Fliegentöter.

Der Schopftintling – der Mörder im Pilzkörbchen

Für Pilze ist die Welt ein „All you can eat"-Restaurant. Es gibt im Grunde genommen nichts, was sie nicht essen: ob einen jahrtausendealten Baumriesen, ein verwesendes Reh oder einen Fußnagel. Und manche Pilze gehen sogar auf die Jagd. Der Schopftintling ist einer von ihnen. Übrigens ein schmackhafter Speisepilz – solange man beim Pilzesammeln nicht trödelt. Beim Hineinlegen in das Pilzkörbchen ist er noch weiß wie Schnee, ein paar Stunden später hat er sich schon zu schwarzer Tinte verflüssigt.

Räuberische Pilze sind selten

Der Schopftintling hat zwei Leibgerichte: tote Pflanzen auf der einen Seite und sehr lebendige Fadenwürmer auf der anderen. Die Fadenwürmer schlängeln sich durch das Erdreich und dort hat der Pilz auch seine Fallen aufgestellt. Seine haarfeinen Pilzfäden durchziehen die Erde, daran sitzend kleine Kugeln mit dornigen Auswüchsen: Fadenwurm-Fallen.

Rund 150.000 Pilzarten wurden weltweit wissenschaftlich beschrieben. Schätzungen zufolge geht die Zahl der tatsächlich existierenden Pilzarten aber in die Millionen. Räuberische Pilze sind dagegen selten, nur rund 160 sind heute bekannt. Der Schopftintling

Jäger der Unterwelt

gehört zu den wenigen Arten, die auch hierzulande Tiere erlegen. Die Strategien sind so vielfältig wie die Pilze selbst. An manchen klebt die Beute fest (der Sonnentau lässt grüßen), bei anderen bleibt sie in dafür ausgeworfenen Ringen stecken. Beim Schopftintling sind es besagte Auswüchse. Kommen die Fadenwürmer damit in Berührung, lähmt sie ein hochwirksames Gift. Die Pilzfäden wachsen in den Wurmkörper hinein und verdauen ihn. Mehrere Tage vergehen, bis der Wurm zersetzt und die freigesetzten Nährstoffe vom Pilz vertilgt wurden.

Von Dieben und Klaukreisläufen

Blütenpflanzen sind ein Geniestreich innerhalb der Naturgeschichte – gemessen an ihrer Anzahl die Erfindung schlechthin unter den Pflanzen.

MEHRERE HUNDERTTAUSEND Arten von Blütenpflanzen wachsen heute auf unserem Planeten. Charles Darwin brachten die Blütenpflanzen zur Verzweiflung. Nicht wegen ihres Artenreichtums – ihr rascher Aufstieg machte ihn ratlos. Am 22. Juli 1879 schrieb er an seinen Freund, den Botaniker Joseph Hooker: „Die rapide Entwicklung der höheren Pflanzen", womit er die zu den Blütenpflanzen gehörenden Bedecktsamer meinte, „ist ein schreckliches Mysterium." In der frühen Kreidezeit waren sie allenfalls eine botanische Belanglosigkeit, doch schon in der mittleren Kreidezeit entwickelten sie sich zur dominanten Pflanzengruppe an Land. Das stellte Darwins Vorstellungen gehörig auf den Kopf. Stellen Sie sich einmal vor, Sie gehen von einer gemächlich und gleichförmig verlaufenden Evolution aus, erforschen ohne böse Vorahnungen millionenalte Bodenschichten und sind plötzlich mit einer schier explosionsartigen Entwicklung konfrontiert. Wer würde da nicht verzweifeln!

Die Erdhummel – der Nektarraub des Jahrhunderts

Zu dieser Zeit begründete sich auch die Zweckgemeinschaft zwischen Blütenpflanzen und Insekten. Pflanzen sind bekanntermaßen nicht in der Lage, einfach loszuziehen und einen Bettnachbarn aufzugabeln. Wer sich nicht selbst bestäuben möchte, braucht für dieses Unterfangen also Hilfe. Das könnte zum Beispiel der Wind sein. Das Problem: Die Blütenpflanzen müssen riesige Mengen an Pollen sprichwörtlich in den Wind blasen und darauf hoffen, dass sie an der richtigen Stelle ankommen. Natürlich ist es von Vorteil, dass der Wind – zwar zeitweise nicht zuverlässig, aber immerhin kostenlos – zur Stelle ist. Tiere haben sich als Helfer dennoch durchgesetzt. Über 90 Prozent der Blütenpflanzen verlassen sich heute auf ihre Bestäubungsleistung. Insekten bestäuben zwar längst nicht als Einzige (denken Sie nur an Kolibris!), aber an dieser Stelle soll es dennoch um sie gehen. Genauer gesagt um die Bienen.

Wenn sie könnten, würden Pflanzen über die Bezeichnung von Bienen als „Bestäuber" sicherlich entrüstet die Blütenköpfe schütteln. Klar, die Bienen spielen das Spiel mit, allerdings halten sie sich dabei nicht an die vereinbarten Regeln. Anstatt nur den Nektar als Belohnung für ihren Blütenbesuch zu schlürfen, entpuppt sich ein Teil von ihnen als Pollendiebe! Sie zweckentfremden den Pollen und haben gar kein Interesse daran, ihn, wie von der Pflanze geplant, von einer Blüte zur nächsten zu tragen. Stattdessen schleppen sie ihn – möglichst verlustfrei, versteht sich – in ihre Nester und verfüttern ihn an den Bienennachwuchs.

Über Millionen von Jahren fand zwischen Blütenpflanzen und blütenbesuchenden Insekten ein Wettrüsten statt. Die Pflanzen bemühten sich, die Menge an bereitgestelltem Nektar zu begrenzen. So entstanden die kurios aussehenden langen Blütensporne (an deren Ende für gewöhnlich die Nektar-Tankstelle liegt), wie sie etwa eine als „Stern von Madagaskar" bekannte Orchidee besitzt. Um noch einmal zu Charles Darwin zurückzukehren: 1862, also einige Jahre vor seinem verzweifelten Brief, erhielt er die Orchidee von einem bekannten Orchideensammler. Für ihn war klar: Es muss ein Insekt existieren, dessen Rüssel mindestens ebenso lang ist wie der Sporn der Orchideenblüte. Von seinen Zeitgenossen erntete er Skepsis, bis 1903 tatsächlich eine Motte gefunden wurde, die auf Darwins Beschreibung passte. Genauso wie die Pflanzen versuchen, sich vor der verfressenen Masse an Insekten zu schützen, passen die Insekten ihren Körper an die neuen Blütenformen an. Korrekter ausgedrückt: Ihr Körper wird von der Evolution angepasst. Denn wer etwa aufgrund eines zu kurzen Rüssels vor verschlossenen Nektar-Tankstellen-Türen steht, stirbt, drastisch ausgedrückt, und gibt seine kurzrüsseligen Gene nicht an die nächste Generation weiter.

Doch die Pflanzen haben die Wette ohne die Tankstellen-Räuber unter den Insekten gemacht! Die Erdhummel ist ein solches kurzrüsseliges Insekt. Ihr Rüssel ist gerade einmal halb so lang wie ihr Körper, er misst weniger als einen Zentimeter. Der teils recht ausgeprägten Arbeitsteilung im Hummelnest ist es geschuldet, dass es manche Hummeln nur auf Pollen und manche nur auf Nektar abgesehen haben. Ebenso getrennt wie die Arbeiten sind, werden am Ende der Nahrungsflüge auch die Vorräte im Nest eingelagert. Übrigens ein recht unappetitliches Unterfangen. Die nektarsammelnden Hummeln transportieren die Nahrung nämlich im Vorderdarm, dem sogenannten „Kropf“. Im Nest angekommen, (Entschuldigung, falls Sie gerade essen) kotzen sie und lagern das Erbrochene ein.

Die Hummel ist nicht wählerisch und nutzt Pollen und Nektar verschiedenster Pflanzen. Auf der Nahrungssuche steht sie allerdings vielerorts vor verschlossenen Türen. Bei den Blüten von Lerchensporn und Fingerhut, Lichtnelke und Fuchsie und vielen weiteren Geizhälsen mit langen Kronröhren liegt der Nektar weit außerhalb der Reichweite ihres Hummelrüssels. Pflanzen und Hummeln leben – wenn wir das Wettrüsten, bei dem es um Leben und Tod geht, mal beiseitelassen – ziemlich friedlich zusammen. Und das schon seit etlichen Millionen Jahren (ein 100 Millionen Jahre altes Stück Bernstein konservierte die bis dato älteste pollensammelnde Biene). Und da erdreistet sich nun die Erdhummel und wird zur Räuberin. Während die anderen blütenbesuchenden (und vor allem blütenbestäubenden!) Insekten brav den Vordereingang nehmen, knackt sie den Hintereingang der Blüte. An ihren Mundwerkzeugen sitzen Chitinzähnchen. Das perfekte Werkzeug, um mit einem Nektarraub für Aufsehen zu sorgen.

Mit den Zähnchen beißt die Erdhummel ein Loch in das Hintere der Blüte, genau an der Stelle, wo der Nektar wartet. Nun muss sie nur noch ihren Rüssel durch das Einbruchsloch stecken und die süße Kost tanken. Die Pflanze geht auf ganzer Linie leer aus: Die Hummel fliegt von dannen, ohne die Blüte im Gegenzug bestäubt zu haben. Noch dazu hat sie durch den Nektarraub dafür gesorgt, dass die Blüte für tatsächliche Bestäuber unattraktiver wird (klar, wer will schon ein leeres Buffet besuchen). Und als wäre das alles noch nicht schlimm genug, lockt das Einbruchsloch weitere zwielichtige Gestalten an. Die gezähmte Verwandtschaft, die Honigbiene, besitzt keine Zähnchen an ihren Mundwerkzeugen. Einbruch scheidet für sie also aus. Aber wenn der Hintereingang erst einmal offen steht, bedient sie sich ebenfalls an den ungeschützten Nektardepots. Strafrechtlich nicht uninteressant, es handelt sich immerhin noch um Nektardiebstahl!

Die Vogelnestwurz – Diebstahl auf Umwegen

Die Zweckgemeinschaft zwischen blühenden Pflanzen und bestäubenden Insekten ist kein Geheimnis. Ob auf der Obstwiese oder im Blumenbeet – überall werden wir Zeuge davon, wie friedlich (zumindest meistens) sie Hand in Hand arbeiten. Eine andere Zweckgemeinschaft gehen Pflanzen ein, ohne dass wir dabei zusehen können. Verborgen im Boden arbeiten sie mit Pilzen zusammen. Das Erfolgsrezept: Beide Symbiosepartner haben was davon. Die Pilze stellen in Form der Pilzfäden die Infrastruktur im Boden: So fein, dass, würde man die Pilzfäden aus einem Gramm Erde mühsam entwirren, sie insgesamt mehrere Kilometer lang wären. Auf diese Weise bilden sie ein riesiges Geflecht, das Wasser und Nährstoffe aufnimmt und mit den Wurzeln, beispielsweise von Bäumen, teilt. Im Gegenzug bekommen die Pilze von den Bäumen Zucker, den diese hoch oben im Blätterdach produziert haben. Über 90 Prozent aller Landpflanzen leben in einer engen Symbiose mit den sogenannten Mykorrhizapilzen. Doch im Boden gibt es längst nicht nur das Pflanze-Pilz-Zweiergespann. Die Vogelnestwurz ist das dritte Rad am Wagen und nutzt die Symbiose ohne Reue für ihre Zwecke.

Die Vogelnestwurz lebt auf Kosten anderer. Diese Lebensweise hat sie sich dermaßen zu eigen gemacht, dass sie gar nicht mehr zu einem eigenständigen Leben in der Lage wäre. Die Vogelnestwurz ist eine Orchidee, aber während ihre Verwandten farbenprächtig erblühen und Menschen zielsicher dazu bringen, ihre Kamera zu zücken, wird sie allzu leicht übersehen. Sie ist braun. Als wäre sie vor langer Zeit vertrocknet, nur dass sie eben nie bunte Blüten oder grüne Blätter hatte (genauer gesagt hatte sie auch nie Blätter). Diese Gestalt ist das wenig spektakuläre Finale nach einer rund neun Jahre langen unterirdischen Entwicklungszeit. Das Fehlen von grüner Farbe verrät: Die Vogelnestwurz besitzt kein Chlorophyll. Kein Chlorophyll – keine Photosynthese. Eine Pflanze ohne Chlorophyll ist zum Verhungern verdammt. Es sei denn, sie lässt sich etwas einfallen. Der Tatort liegt im Boden. Wo andere Pflanzen ein Wurzelgeflecht besitzen, das sich immer weiter und feiner verzweigt, besitzt die Vogelnestwurz ein Nest. Zumindest sehen die Wurzelstummel aus wie ein Nest. Feine Wurzelhaare sucht man hier vergebens. Die braucht die Vogelnestwurz aber auch nicht. Die Versorgung mit Wasser und Nährstoffen übernehmen nämlich Pilze der Gattung Sebacina. Deren Pilzfäden wachsen in die äußeren Schichten der Orchideenwurzeln hinein und werden in den inneren verdaut. Von wechselseitiger Beziehung keine

Ohne Pilze keine Orchideen – nur mit ihrer Hilfe können sie wachsen!

Spur, denn die Orchidee ist ein Parasit. Etwas Entscheidendes fehlt ihr aber noch, etwas, das die Pilze nicht selbstständig beschaffen können: Energie. Die Bäume produzieren davon Massen. In ihrem Blätterdach betreiben sie Photosynthese, ein Produkt davon sind die Assimilate, Zucker zum Beispiel. Es ist kein Zufall, dass sich die Vogelnestwurz ausgerechnet Mykorrhizapilze für ihre einseitige Partnerschaft ausgesucht hat. Auf diesem Weg zwackt sie den Bäumen die Energie ab – Diebstahl auf Umwegen. In der Forschung gibt es zwar eine leise Vermutung, dass auch die Mykorrhizapilze einen Vorteil davon haben. Doch das gehört (noch) zu den ungelüfteten Geheimnissen der Wälder.

Der Basstölpel – beklaute Diebe

50 Meter über der Nordsee vermischt sich ein durchdringendes Kreischen mit dem Tosen der Wellen. Der rote Fels ist eines der kleinsten Naturschutzgebiete Deutschlands und das Zuhause der Basstölpel. Seinen Namen – Lummenfelsen – haben ihm allerdings andere Bewohner verliehen: die Trottellummen. Trottel und Tölpel hatten bei der Namensvergabe Pech. Wenngleich es gemein klingt: Ein einziger Blick auf die an Land herumwatschelnden Vögel verrät, dass sie die Namen nicht grundlos tragen.

Das Meer ist die Vorratskammer der Seevögel. Auf der Suche nach einem Fischschwarm kann der Basstölpel Hunderte Kilometer weit fliegen. Aus der Höhe eines zwölfstöckigen Hauses steuert er im Sturzflug auf seine Beute zu. Mit bis zu 100 Stundenkilometer durchbohrt sein Schnabel die vom Wind gepeitschten Wellen. Unter Wasser scheint der Basstölpel zu fliegen. Basstölpel sind elegante Flieger, in der Luft genauso wie unter Wasser. Nur merkt man von dieser Eleganz rein gar nichts mehr, sobald sie mit einem Fisch im Schnabel zur Landung ansetzen. Ungelenkt schlagen sie dabei mit den Flügeln und lassen sich dann auf den Boden plumpsen. Im besten Fall treffen sie dabei das eigene Nest und rempeln nicht aus

Versehen die Nachbarn an. Angesichts einer Flügelspannweite von bis zu 1,80 Meter ein zum Scheitern verurteiltes Unterfangen und dementsprechend lautstark fallen die Beschwerden der betroffenen Nachbarn aus.

Ein Basstölpelpaar hat auf den Felsen mit dem Nestbau begonnen. In der Brutkolonie erstickt das Gedränge jede Aussicht auf ein friedliches Miteinander. Die Nachbarn nisten nur eine Schnabellänge weiter und die Bruchlandungen der Ankömmlinge werden begleitet von der Drohung weit aufgerissener Schnäbel. Die Suche nach Fisch ist nicht der einzige Grund, der es nötig macht, den Fels zu verlassen. Auch Nistmaterial will besorgt werden. Auf ihren Flügen sammeln die Basstölpel Seetang – und heute immer öfter die Reste von Fischernetzen, die zu einer tödlichen Falle werden. Es braucht Zeit, bis ein Nest für die Eiablage geformt ist. Zeit, die sich das Paar gerne sparen würde. Die Enge in der Brutkolonie kommt ihnen dabei gelegen. Während das benachbarte Brutpaar gerade von einem ungeschickten Ankömmling abgelenkt ist, klauen die kriminellen Basstölpel ihnen das mühsam gesammelte Baumaterial unterm Hintern weg. Der Plan ist geglückt, ohne aufzufliegen sind sie mit ihrer Tat davongekommen. Gebracht hat ihnen das Ganze allerdings nichts. Während sie damit beschäftigt waren, ihre Nachbarn zu beklauen, hatte ein anderes Paar die gleiche Idee. Es scheint auf den roten Klippen einen regelrechten Klau-Kreislauf zu geben!

Sturzflug mit 100 km/h

Die Silbermöwe – die Meisterdiebin der Strandpromenade

Für Gelegenheitsdiebe hat die Silbermöwe nur ein müdes Lächeln übrig. Sie ist die Meisterdiebin der Strandpromenade, der Albtraum aller Pommes essender Menschen. In den Küstenorten hat sie ein Selbstbedienungsrestaurant gefunden und das würde von ihr sicherlich eine 5-Sterne-Bewertung bekommen: „Essen schnell geliefert, frisch, zum Toppreis – nur die Bedienung könnte freundlicher sein.“

Natürlich könnte die Möwe wie die Basstölpel in den Wellen einem Fisch nachjagen oder eine Krabbe aus dem Sandstrand pulen. Aber warum sich die Mühe machen, wenn die Menschen ihr den Tisch allzu bereitwillig decken? Außerdem spart sich die Silbermöwe auf diese Weise das lästige Wälzen der Speisekarte. Sie vertraut einfach auf die Empfehlungen ihrer Vortester, das haben Forschende unlängst bei einem Experiment herausgefunden. Dabei haben sie den Möwen Chipstüten präsentiert. Wenn man dem Internet traut, ein beliebter Snack. Eine Möwe namens Steven hat vor wenigen Jahren jedenfalls Gefallen daran gefunden und bediente sich – automatisch öffnender Eingangstür sei Dank – regelmäßig an den Supermarktregalen. Mit der Zeit erfasste ihre Akte Diebesgut im Wert von mehreren Hundert Euro. Das machte sie in der englischen Küstenstadt Paignton nicht nur als Intensivtäterin bekannt, sondern auch zu einer Internetberühmtheit.

Möwen verlassen sich auf unseren Geschmack!

Vollkommen naheliegend also, dass die Forschenden diese kulinarischen Vorlieben genauer unter die Lupe nahmen. Dabei beobachteten sie Erstaunliches: Erst wir Menschen machen die Chipstüten in den Augen der Möwen interessant. Liegen scheinbar herrenlose Chipstüten am Boden, weckte das bei der überwiegenden Zahl der Möwen kein Interesse. Ganz anders sieht es aus, wenn die Menschen sich selbst als Chipsliebhaber zu erkennen geben. Das geht soweit, dass sich die Möwen sogar auf die stillschweigenden Chips-Bewertungen der Menschen verlassen. Stehen ihnen am Boden lie-

gende Tüten in verschiedenen Farben zur Auswahl, steuern sie in über 90 Prozent der Fälle die Tüte an, die farblich zur Chipstüte in der Hand der Versuchsleitung passt. Klauen mit Köpfchen, würde ich mal sagen!

Zu Ihrer Beruhigung: Wir Menschen sind längst nicht die einzigen Opfer der Silbermöwen. Auch wenn der Diebstahl der gerade erstandenen Pommes schmerzlich ist – die an der Küste überwinternden Tauchenten trifft es noch härter. Ihre Anwesenheit ändert den Speiseplan von Möwen drastisch. Sobald die Überwinterungsgäste auftauchen, fressen die Möwen statt Fischen (ach ja, und Pommes) hauptsächlich Muscheln. Die ernten die Enten bei ihren Tauchgängen nämlich vom Meeresgrund – und die Möwen müssen nur an der Wasseroberfläche warten, um den Lieferservice in Empfang zu nehmen.

Über Totgeglaubte und tanzende Killer

Als Kind gehörte es zu meinen liebsten Beschäftigungen, durch die Natur zu streifen und Verstecke anzulegen.

EINER DIESER STREIFZÜGE wurde von einem kläglichen Fiepen unterbrochen. Unweit des Weges war ein Tier hörbar in Not. Neugierig folgte ich dem Geräusch in den Wald hinein. Tatsächlich: Zwischen Blaubeersträuchern kauerte ein graues Fellbündel. Heute würde ich beim Anblick eines scheinbar verwaisten Tierkindes die nächste Wildtierstation anrufen. Doch damals, ohne die Möglichkeit unterwegs am Smartphone das Internet zu durchforsten, war meine einzige Hoffnung, dass die Tiereltern, wer auch immer sie sein mögen, ihrem Kind zu Hilfe eilen. Also widerstand ich dem Drang, das kleine Knäuel einzupacken. Zurück zu Hause bereitete mir der Gedanke allerdings keine Ruhe und so überredete ich meine Eltern zu einem abendlichen Waldspaziergang. An der Stelle angekommen herrschte Stille. Das hielt mich allerdings nicht davon ab, die Umgebung unter die Lupe zu nehmen. Nichts. Erst als ich die Suche gerade einstellen wollte, fand ich es. Das Tier hatte sich mehrere Meter weiter geschleppt und regte sich nicht mehr. Kurzerhand verfrachtete ich es in meine Mütze und nahm es mit.

Der Rotfuchs – Totgeglaubte essen besser

Das graue Etwas entpuppte sich als ein kleiner Fuchs. Ich verlieh ihm den kreativen Namen „Füchschen“. Eins war klar: Füchschen hatte seine Höhle nicht freiwillig verlassen, dafür war es noch viel zu jung. Vielleicht sind seine Eltern überfahren worden oder der Jagd zum Opfer gefallen. So wurde meine Mütze sein neues Zuhause. Rund um die Uhr forderte Füchschen seine Milchfläschchen ein und ich war heilfroh, als er irgendwann aus den nächtlichen Mahlzeiten rauswuchs. Aus dem grauen Fellbündel wurde ein roter, schlaksiger Fuchs-Teenager. Statt den Mitternachts-Fläschchen fand er Gefallen daran, in meinem Bett Mäusesprünge zu üben. Doch irgendwann wurde es Zeit für die Rückkehr in den Wald. Füchschen machte mit Begeisterung seine ersten Erfahrungen damit, auf umgestürzten Bäumen zu klettern und mit der Nase dem Leben im Waldboden auf die Spur zu kommen. Als neues Zuhause akzeptierte er die ungewohnte Umgebung aber nicht. Unbemerkt heftete er sich an unsere Fersen und stand nach den Freilassungsversuchen immer wieder vor unserer Haustür. Letztlich fiel die Entscheidung, Füchschen in einen Wildtierpark zu bringen, auch wenn mich das tieftraurig machte. Denn ich hatte mir für ihn ein Leben in Freiheit gewünscht – so wie ich es allen Wildtieren wünsche.

Auch wenn der kleine Fuchs in einer Wildtierstation besser aufgehoben gewesen wäre (bitte suchen Sie in einer solchen Situation sofort fachkundige Hilfe): Er lehrte mich, wie gewitzt die rotpelzigen Tiere sind. Sie lösen Probleme (unbemerkt hinter Menschen herzuschleichen, ist ihre leichteste Kunst) und beweisen Anpassungsfähigkeit. Ihre Heimat erstreckt sich vom Wald bis in die belebten Straßen der Städte, als Nahrung nutzen sie Mäuse genauso wie Mülltonnen. „Schlau wie ein Fuchs" zu sein, hat ihnen unglücklicherweise nicht nur Freunde gemacht. Denn sie sind auch schlau genug, Hühnerställe zu knacken. Und manchmal treibt die Schläue der Füchse auch kuriose Blüten. Zum Beispiel dann, wenn Füchse sich als Beute ausgeben, um Beute zu machen.

Das ist keinesfalls eine neue Entdeckung. Schon im zweiten Jahrhundert nach Beginn unserer Zeitrechnung hielten Menschen diese Kuriosität der Tierwelt fest. Physiologus, ein Werk zur Naturlehre, ist die früheste überlieferte Beschreibung der listigen Jagdtechnik. Zwar geriet das Wissen darüber im Laufe der Jahrtausende nicht in Vergessenheit, doch die Wissenschaft verlor mit der Zeit den Glauben an die Richtigkeit. Bis ein russischer Kameramann 1961 das Verhalten erstmals filmte: Ein Fuchs liegt reglos auf dem Boden. Der Anblick lockt Aasfresser an, Krähen. Sie inspizieren den Fuchs, wagen sich immer weiter an seinen scheinbar toten Körper heran. Und als eine Krähe nah genug ist, um mit dem ersten Schnabelhieb das Festmahl zu eröffnen, schnappt der Fuchs zu. In den letzten Jahrzehnten tauchten immer wieder Berichte von solchen Beobachtungen auf.

Antikes Naturwissen

Der Fuchs hat seine Schläue unter Beweis gestellt. Vielleicht hat er die Krähen dabei beobachtet, wie sie sich arglos einem toten Kadaver näherten. Vielleicht hat er aber auch gelernt, dass, wenn er bewegungslos in der Sonne döst, die Krähen neugierig auf ihn zuhüpfen. Eine solche Erfahrung ließ schließlich den Plan in ihm heranreifen, seine Beute in Sicherheit zu wiegen und zu sich heranzulocken. Jahrhundertelang wurden die hinterlistigsten Figuren in Märchen mit dem Fuchs besetzt. Wenn wir ihm Boshaftigkeit unterstellen, tun wir ihm allerdings Unrecht. Während andere Tiere ihre Beute mit Ausdauer jagen oder mit Körperkraft überwältigen, nutzt der Fuchs sein Köpfchen. Sein Ziel ist es, zu überleben, sich und seine Familie zu ernähren. Dass er es geschafft hat, sogar in unserer Nachbarschaft eine Heimat zu finden, wo ihm eine Vielzahl an Gefahren begegnet, lässt mich staunen.

Der Kolkrabe – rabenschwarze Tricks

Es gibt Menschen, die bekommen für alles die Schuld in die Schuhe geschoben. Egal, ob vom Geburtstagskuchen vorzeitig ein Stück fehlt oder der Hund schon wieder durch die offene Haustür ausgebüxt ist. Wenn Sie auch zu dieser Sorte Mensch gehören, seien Sie unbesorgt. Sie sind nicht alleine, dem Kolkraben geht es genauso.

Aas steht weit oben auf seiner Speisekarte. Fällt irgendwo ein Schaf tot um, kann man die Uhr danach stellen, dass ein Kolkrabe mit seinen Kollegen angeflogen kommt. Aber es ist nicht so, wie es aussieht. Wirklich nicht. Denn sie gehen fast ausschließlich tote und sterbende Tiere an. Zugegeben, der Anblick ist dennoch denkbar ungünstig. Aus diesem Grund wurde der Kolkrabe auch zum Sündenbock schlechthin. Das endete fast richtig schlecht für ihn. Im Deutschland des letzten Jahrhunderts stand er kurz vor der Ausrottung. Heute erobert er zum Glück sogar die Großstädte zurück.

Seine städtische Verwandtschaft lieferte längst die Beweise für die Intelligenz der Rabenvögel. Rabenkrähen platzieren Nüsse auf der Straße und lassen sie von den Autos knacken. Aber nicht irgendwo: Sie nutzen Ampeln, warten bei Grün geduldig und stolzieren bei Rot auf die Straße, um sich die geöffneten Nüsse zu holen. Rabenkrähen sind übrigens auch Aasfresser und in dem Fall liegen Scharfsinn und Grausamkeit nicht weit auseinander. Ratten sind für sie eine richtig fette Beute. Allerdings verteidigen sich die felligen Leckerbissen blöderweise – es will also gut überlegt sein, sich mit einer wütenden Ratte samt ihrer scharfen Nagezähne anzulegen. Wenn der teuflische Plan einer Krähe nicht filmisch festgehalten worden wäre, würden Sie mir sicherlich kein Wort glauben: Sie zog die Ratte am Schwanz rückwärts auf die Straße und platzierte sie genau dort, wo kurze Zeit später die Reifen eines Busses über den Asphalt rollten. An diesem Tag ist die Ratte dem Tod zwar noch einmal von der Schippe gesprungen, aber der Punkt geht eindeutig an die Krähe. Die Intelligenz liegt offensichtlich in der Familie.

Wer früher behauptete, Tiere würden Intelligenz besitzen, erntete Gespött. Pläne schmieden, Werkzeuge bauen, Dinge zählen – all das sollte lange dem Menschen vorbehalten sein. Die Forschung hat uns längst eines Besseren belehrt und bewiesen, dass wir nicht die einzigen Intelligenten sind. Ursprünglich für Menschenaffen entwickelte Tests wurden auch an Rabenvögel angepasst. Was sehr viel überraschender ist, als das Ergebnis (die kognitiven Leistungen der Kolkraben sind denen von Menschenaffen ebenbürtig), ist eine Vermutung des Forschungsteams: Die Vögel könnten den Intelligenztest mit ihrer Intelligenz verfälscht haben – indem sie sich dumm gestellt haben. Eine der Aufgaben bestand in einem Hütchenspiel.

Das Prinzip ist leicht erklärt: Eine Leckerei wird unter einem Becher versteckt und der Kolkrabe muss sich trotz des Verschiebens und Austauschens der Becher merken, wo sie liegt. Nicht immer haben sich die Raben den Becher richtig gemerkt – oder aber, sie haben es nicht zugegeben. Der intensive Blick der Forschenden könnte sich auf das Ergebnis ausgewirkt haben. Warum? Die Antwort darauf steckt in einem Trick, den Rabenvögel wie kaum ein anderes Tier beherrschen.

Tricks der Intelligenz-Bestien

Wenn Kolkraben an einem Kadaver zusammenkommen, herrscht oft Gedränge. Im Yellowstone National Park wurden bis zu 135 von ihnen an einem einzigen Rothirschkadaver beobachtet – gleichzeitig wohlgemerkt! Normalerweise ließen sich knapp 30 gemeinsam nieder, immerhin. Einen Teil fressen die Kolkraben an Ort und Stelle, einen Teil nutzen sie für die Vorratshaltung. Die ergatterten Nahrungsbrocken vergraben sie im Boden oder legen sie an vor Blicken verborgenen Orten ab.

Die einen verstecken, die anderen liegen auf der Lauer. Warum sich die Mühe machen, sich am Kadaver ums Fleisch zu streiten, wenn man es auch einfacher haben kann? Das geht so weit, dass sie ihre Artgenossen nicht nur beim Anlegen der Verstecke beobachten, sondern sie

währenddessen sogar in Sicherheit wiegen. Sie tun so, als wären sie mit etwas anderem beschäftigt, hätten kein Interesse und natürlich überhaupt nicht vor, dem Besitzer die Vorräte streitig zu machen. Mundraub ist unter Kolkraben bekannt, also versucht man beim Verstecken, die Beobachter abzuschütteln. Aber manchmal rücken die einem so auf die Pelle, dass ein anderer Plan her muss: Man tut so, als ob. Solange sich die gefiederten Gesellen beobachtet fühlen, täuschen sie nur vor, Depots anzulegen. Dann findet der Verfolger bei seinem Plünderversuch ... nichts. Denn der Verfolgte hat mit dem Anlegen der echten Depots gewartet, bis kein Konkurrent mehr zuschaute.

Unter Rabenvögeln wimmelt es vor Intelligenzbestien, die versuchen, sich mit ihren Manövern gegenseitig auszutricksen. Womöglich wollten auch die Kolkraben in den Intelligenztest einfach nicht verraten, dass sie genau wissen, wo die Nahrung versteckt ist.

Übrigens gibt es noch ein anderes Tier, das zu solchen Täuschungsmanövern greift. Das Eichhörnchen versteckt bis zu 10.000 Nüsse, um damit die Nahrungsengpässe in der kalten Jahreszeit zu überbrücken. Fühlt es sich dabei beobachtet, legt auch das Hörnchen leere Nahrungsdepots an.

Die Veränderliche Krabbenspinne – die unsichtbare Spinne

Um an ein Mittagessen zu kommen, haben tierische Jäger verschiedene Möglichkeiten. Während sich der Fuchs als Köder tarnt, macht sich die Veränderliche Krabbenspinne direkt unsichtbar. Mehr Tarnung ist kaum möglich! Nicht gesehen werden allein, reicht aber nicht.

Die Krabbenspinne hat es auf Insekten abgesehen und ist dabei nicht wählerisch: Von der Biene bis zum Falter – sie verspeist alles, was größentechnisch halbwegs passt. Ihre Beutetiere haben eine Gemeinsamkeit: Sie fliegen auf Blüten. Das ist auch der Krabbenspinne aufgefallen. Was wäre also ein erfolgversprechendes Versteck als eine Blüte? Da kommen die üppig blühenden Margeriten gerade recht. Die Spinne braucht nur noch den Blütenstängel erklimmen und sich reglos auf den Blütenblättern niederlassen.

Aber schauen wir uns die Krabbenspinne erst einmal genauer an. Diese Spinnenart ist gelb. Oder grün, oder weiß. Die Spinne, die gerade die Margerite erklimmt, ist zitronengelb. Eine Biene hat sich noch nicht blicken lassen, aber gute Vorbereitung ist bekanntlich alles. Also reckt die Krabbenspinne hoffnungsvoll ihre vorderen Beine in die Luft. Ein Anblick, der im Hinblick auf den Namensursprung keine Fragen offen lässt. Sie fragen sich vielleicht gerade, was mich zu der Behauptung getrieben hat, die Krabbenspinne mache sich unsichtbar. Zwar ist sie kaum einen Zentimeter groß, doch mit ihrer zitronengelben Färbung leuchtet sie auf den weißen Blütenblättern wie ein Vorfahrtsstraßenschild. Vielleicht hat sie kein Talent als Jägerin? Immerhin gibt es auch talentlose Beutetiere. Denken Sie nur an die Mäuse, die auf Katzen stehen. Ok, die haben keine Wahl. Die hat die Krabbenspinne dagegen sehr wohl und ist schon dabei, vor unseren Augen zu verschwinden. Das geht nur eben sehr, sehr langsam. Nach drei bis vier Tagen sehen wir das Ergebnis: Die zitronengelbe Krabbenspinne ist tatsächlich verschwunden. An ihrer Stelle sitzt eine weiße Krabbenspinne, margeritenblütenweiß. Ob Sie es glauben oder nicht: Es ist dieselbe Spinne.

Die Veränderliche Krabbenspinne ist das Chamäleon unter den Spinnen!

Die Krabbenspinne hat bemerkt, dass ihre Tarnung zu wünschen übrig lässt. Sie ist ja nicht doof und Augen im Kopf hat sie auch – und das nicht zu knapp, acht um genau zu sein, aber das sei nur am Rande erwähnt. Anfänglich, als die Spinne noch gelb war, lagerte ein flüssiger Farbstoff in den Zellen an ihrer Körperoberfläche ein. Die Farbpigmente hat die Spinne ins Körperinnere verfrachtet und ist in der Folge weiß geworden. Bleibt sie lange auf einer weißen Blüte sitzen, verliert sie den gelben Farbstoff irgendwann zum Teil – um nicht zu sagen, sie kackt ihn aus. Zu dem Farbwandel sind übrigens nur die Weibchen in der Lage. Die Männchen müssen sich ein Leben lang mit einer Färbung begnügen. Dafür sind sie allerdings auch nur halb so groß, vielleicht wird man als kleine Spinne auch ohne Aufwand leicht übersehen. Ist aber auch nur halb so cool.

Die Tarnung hat zwei Ziele: die blütenbesuchenden Insekten in Sicherheit wiegen und die spinnenfressenden Vögel nicht auf sich aufmerksam machen. Klingt logisch, die Erklärung hat allerdings einen Haken. Forschende haben sich mal den Jagderfolg von auf Blüten sitzenden Veränderlichen Krabbenspinnen angeschaut. Dabei haben sie herausgefunden: gelbe Spinnen auf gelben Blüten haben genauso viel Erfolg wie weiße Spinnen auf gelben Blüten. Oder anders ausgedrückt: Die Mühe hätten sie sich (zumindest mit Blick auf ihre Beute) sparen können.

Vielleicht fühlt sich die getarnte Krabbenspinne durch ihren Jagderfolg bestätigt. Immerhin hat sie keine Ahnung, dass ihre ungetarnte Artgenossin auf der nächsten Blüte genauso erfolgreich ist. Außerdem kann die Spinne nicht wissen, dass die für sie sichtbare Farbe nicht alles ist. Schließlich wussten auch wir Menschen das lange nicht, sondern dachten, die Welt sieht auch für Bienen so aus wie für uns. Für Bienen sehen die Farben – sowohl die der Blüten als auch die der Krabbenspinnen – aber komplett anders aus. Während die Spinne nur ihre eigene gelbe Färbung auf der gelben Blüte sieht, besitzen Bienen eine UV-Sicht. Weil gelbe Blüten teilweise das UV-Licht reflektieren, die gelbe Spinne das UV-Licht aber absorbiert, durchschauen Wildbienen den Täuschungsversuch. Auch Schwebfliegen vermeiden Blüten mit lauernden Krabbenspinnen, während Honigbienen und Hummeln scheinbar überhaupt nicht darauf achten, wer da in der Blüte sitzt und erst recht nicht, wie die Farbe des Lauerjägers ist.

Die Krabbenspinne in der Margeritenblüte hat Glück: Auf den weißen, UV-absorbierenden Blüten ist sie (mit ihrem ebenfalls UV-absorbierenden Körper) auch für Bienen unsichtbar. Eine Blütenbesucherin fliegt geradewegs in ihre weit geöffneten Arme, pardon Beine. Die Spinne ergreift die Gelegenheit, umklammert die Biene und tötet sie mit einem giftigen Biss. Anschließend saugt sie ihre Beute aus, bis nur noch die leere Hülle übrig ist.

Der Steinmarder – tödlicher Tanz

Als Kind ist mir mal mein Kaninchen ausgebüxt. Glücklicherweise hatte es seinen Fluchtversuch dieses Mal im Garten in die Tat umgesetzt – weit weg von Tapeten und Kabeln. Die mussten beim letzten erschlichenen Freigang dran glauben. Gerade noch im Gehege sitzend, hoppelte das Kaninchen im nächsten Moment über die Wiese. Das Gefühl der Freiheit hätte ich ihm gerne gegönnt. Beim Gedanken an die Katzen, die ich in der Vergangenheit beim Umkreisen des Geheges erwischt hatte, setzte ich allerdings zur Verfolgungsjagd an. Der Ausbrecher dachte natürlich gar nicht daran, kampflos aufzugeben und sprintete just in dem Augenblick los, als ich gerade in Griffweite war. Mit einer Hoppelgeschwindigkeit von 40 km/h hätte es locker den nächsten Blitzer auslösen können. Und selbst wenn ich den Weltrekord von Usain Bolt geknackt hätte, hätte mich das Haken schlagende Kaninchen abgehängt.

In der Natur sind Kaninchen ständig auf der Hut. Überall lauern Feinde. Mir ist es allerdings ein Rätsel, wie die Erfolg haben können. Klar, ein Greifvogel setzt einfach aus der Luft zum Überraschungsangriff an. Und der Fuchs ist ein Meister im lautlosen Anschleichen und nimmt es km/h-technisch locker mit dem Kaninchen auf. Da ist aber auch noch der Steinmarder. Er spielt in der gleichen Gewichtsklasse, zieht aber bei einem Sprintduell den Kürzeren. Dafür hat er ein anderes Erfolgsrezept: Verwirrung stiften.

Saisonale Ernährung wird beim Steinmarder großgeschrieben. Über das Jahr hinweg nutzt er die Nahrung, die gerade verfügbar ist. Kirschen oder Käfer, Mäuse oder Reste vom Grillfest. Hier und da schleicht er sich sogar in Häuser und stibitzt dort Nahrung. In

Schleswig-Holstein hat eine Marderfamilie eine Bäckerei zur Selbstbedienung genutzt. Über mehrere Tage hinweg fanden 31 Brötchen, drei Hörnchen und zwei Brotreste den Weg in ihr Versteck. Gebäck gehört zwar nicht gerade zur natürlichen Steinmarder-Nahrung, aber auch abseits von Siedlungen ist der Marder bei Weitem kein reiner Fleischesser. Zeitweise besteht sein Speiseplan bis zu 80 Prozent aus Früchten.

Wenn Marder tanzen, sterben Kaninchen!

Dennoch hat sein Jagderfolg dem Steinmarder lange Zeit einen schlechten Ruf eingebracht. Alfred Brehm blickte zwar nicht ohne Sympathie auf den Steinmarder, der auf seinen Raubgängen „... ebenso kühn und verwegen wie listig und schlau“ sei. Doch zugleich unterstellt der Zoologe des 19. Jahrhunderts ihm eine „unersättliche Mordlust“. Eine Unterstellung, die vor allem den Gemetzeln in Hühnerställen geschuldet war. Das panische Umherflattern der Hühner löst im Marder ein Jagdverhalten aus, das erst mit den letzten Bewegungen im Stall endet. Dennoch ist er kein blutrünstiges Tier – der Steinmarder nutzt schlichtweg jede Gelegenheit, seine Vorräte aufzufüllen.

Normalerweise hat es der Steinmarder auf Tiere abgesehen, die deutlich kleiner sind als er. Ein Kaninchen niederzuringen, ist auch für ihn eine Herausforderung. Ergreift das Kaninchen die Flucht, hat er seine Chance verspielt. Der Marder darf es also nicht so weit kommen lassen. Statt sich aber aus dem Hinterhalt an das Kaninchen heranzuschleichen, zeigt er ein Verhalten, das kaum an Kuriosität zu überbieten ist: Der Jä-

ger schwingt das Tanzbein – er tollt im Kreis herum, schlägt Purzelbäume und springt in die Höhe. Bei diesem Anblick sitzt das Langohr fassungslos da.

Im Dschungelbuch beherrscht die Schlange Kaa die Kunst der Hypnose, um ihre Beute willenlos zu machen. Reine Fantasie, Schlangen würden dank ihrer nicht vorhandenen Augenlider zwar jedes „Wer-früher-blinzelt"-Duell gewinnen, hypnotisieren können sie aber nicht. Der Steinmarder hingegen tut genau das. In einem wilden Tanz flitzt er vor dem Kaninchen hin und her, bevor er sich mit einem letzten Tanzschritt auf sein Opfer stürzt. Doch für die Tanzeinlagen steht, so gewitzt der Marder fraglos ist, noch eine andere Erklärung im Raum. Der Jäger wird nämlich selbst zum Opfer. Etliche Parasiten tummeln sich in seinem Körper. Allein unter den Fadenwürmern gibt es gleich mehrere Arten, die im Marder leben. Das bleibt nicht ohne Symptome und die starken Schmerzen könnten den Marder zu einer morbiden Choreografie treiben. Obgleich „Schuld" ohnehin die falsche Kategorie ist, um das Verhalten von Tieren zu beschreiben: Auch die Frage nach der Verantwortung bei den Kriminalfällen bedarf also in vielen Fällen noch einer intensiven Detektivarbeit.

Der Zweihöcker-Spinnenfresser – Klopfsignale in den Tod

Spinnen sind die ultimativen Kriminellen im Tierreich. Weltweit sind über 50.000 Arten bekannt und überall auf der Welt pflastern Leichen ihren Weg. Das Bild der fleischfressenden Achtbeiner sitzt so tief in den Köpfen, dass im Jahr 2009 eine Entdeckung in Zentralamerika für Aufsehen sorgte: eine Vegetarierin unter den Spinnen! Na gut, streng genommen handelt es sich bei Bagheera kiplingi um eine Flexitarierin. Die Springspinne ernährt sich nämlich nur überwiegend vegetarisch. Dann und wann macht sie eine Ausnahme und schnappt sich eine Ameise. Das perfekte Täuschungsmanöver, nicht nur weil sie die Ameisen mit ihrem Image als Vegetarierin in Sicherheit wiegt, sondern auch weil sie sich wie eine Ameise bewegt. Das macht auch Sinn: Sie klaut den Sechsbeinern nämlich die Nahrung. Die betroffenen Ameisenarten leben mit Akazien in einer symbiotischen Beziehung: Sie halten den Bäumen als persönlicher Wachdienst Feinde vom Leib und erhalten als Gegenleistung Nahrung (dabei greift die Akazie zu einem fiesen Trick, aber das ist eine andere Geschichte). Die Springspinne jedenfalls drängt sich unbemerkt in das Tauschgeschäft und staubt Nahrung ab, ohne etwas zu leisten. Sie sehen: Sogar die Spinne mit dem besten Image ist auf die schiefe Bahn geraten. Gegen die kriminellen Machenschaften von Ero furcata wirkt sie allerdings geradezu unschuldig.

Ihr Name jagt jeder Spinne eine Gänsehaut über den Rücken (natürlich ein rein theoretisches Bild, immerhin haben Spinnen keine Haut, sondern einen Panzer, aber Sie wissen, was ich meine). Also, ihr Name ist Spinnenfresser. Zweihöcker-Spinnenfresser eigentlich, aber abgesehen davon, dass die Spinne zwei Höcker auf dem Hinterleib hat, ist der Zusatz uninteressant. Ero furcata diesen Namen zu verleihen, ist in etwa so, wie wenn man Serienkillern Spitznamen verleiht. Aber in dem Fall ist es wirklich eine treffliche Beschreibung.

Der Spinnenfresser gehört zu den Webspinnen. Diese besitzen die Fähigkeit, Spinnfäden herzustellen. Einige von ihnen knüpfen daraus kunstvolle – und vor allem tödliche – Netze. Allein das ist schon ziemlich kriminell. Und manche von ihnen überlassen dabei nichts dem Zufall und werden, wie die Dreiecksspinne, richtig kreativ dabei, die Opfer um die Ecke zu bringen (oder eben ins Netz, was an dieser Stelle das Gleiche ist). Der Spinnenfresser stellt sie alle in den Schatten. Er ist auch als „Räuber unter den Räubern" bekannt. Einige der brutalsten Kriminellen wirken, begegnet man ihnen tagsüber an der Supermarktkasse oder bei der Pediküre, wie die banalsten Gestalten. Das ist beim Spinnenfresser genauso. Seine Körperlänge von rund drei Millimetern sorgt nicht gerade für Aufsehen. Noch dazu zieht er sich tagsüber gerne mit angezogenen Beinen in Verstecke zurück.

Mit dem Anbrechen des Abends regt sich der Spinnenfresser. Seine Opfer machen es ihm leicht. Er braucht nur nach ihren Netzen Ausschau zu halten. Getreu seinem Namen ernährt er sich von nichts anderem als Spinnen. Sogar wenn er in Gefangenschaft gerät, verschmäht er die ihm vorgesetzten Insekten.

An der aus Spinnfäden geknüpften Falle angelangt, ist von der Netzinhaberin keine Spur. Sie hat sich neben dem Netz in die Vegetation zurückgezogen und regt sich nicht. Anstatt sich die Mühe zu machen, nach seinem Opfer zu suchen und es schlimmstenfalls in die Flucht zu schlagen, greift der Spinnenfresser zu einer List. Er rüttelt am Netz, bis die Inhaberin sich nähert, um nachzusehen. Sie nimmt an, dass ein Beutetier in ihre Falle getappt ist. Und diesen Irrtum wird sie mit dem Leben bezahlen. Sobald die Spinne in Reichweite ist, zieht der Spinnenfresser sie mit seinen stacheligen Vorderbeinen zu sich heran. Sein Körper schnellt vor und mit einem Biss dringen seine Giftklauen in das Bein der Spinne ein. Gift strömt in den Spinnenkörper und lähmt sie augenblicklich. Nun pumpt der Spinnenfresser in aller Ruhe Verdauungssäfte in ihren Körper, löst sie von innen heraus auf und schlürft sie dann aus. Der Spinn-Tonic ist serviert.

Zupf, zupf – ich bin dein Feind

Halten Sie sich fest! Es geht noch fieser: Der Spinnenfresser wird zum Heiratsschwindler. Dieses unrühmliche Kapitel seiner Killer-Laufbahn spielt sich an den Netzen einer kleinen Streckerspinne ab (wobei diese immer noch doppelt so groß ist wie der Spinnenfresser). Die Paarung ist bei dieser Art eine

heikle Angelegenheit. Die Männchen sind oft wesentlich kleiner als die Weibchen und müssen sich dementsprechend in Acht nehmen. Dem Kannibalismus sind nämlich schon einige Spinnenmännchen zum Opfer gefallen. Also warten sie geduldig am Rand des Netzes. Tappt ein Insekt ins Netz, schnappen sie es sich und spinnen es ein, um es als „Brautgeschenk" zu übergeben. (Ich verstehe zwar nicht, warum sich das Weibchen davon beeindrucken lässt, immerhin ist es genau genommen ohnehin ihre Beute. Aber die Latte im Tierreich hängt manchmal eben tief.) Das Männchen zupft dabei an bestimmten Fäden und gibt damit das Signal, dass die Paarung von seiner Seite aus starten könnte.

Der Spinnenfresser steuert genau diese Balzfäden an. Mit seinen Zupfsignalen ahmt er scheinbar ein paarungswilliges Streckerspinnen-Männchen nach. Es kommt, wie es kommen muss: Das Weibchen folgt dem Zupfen und läuft geradewegs in die stacheligen Arme des Spinnenfressers.

Die Fliegen-Ragwurz – die Sexfalle

Orchideen haben sich einen Platz auf unseren Fensterbänken und Küchentischen erobert. Ausschlaggebend dafür sind ihre äußeren Werte. Ein Blick auf ihre inneren Werte würde sie wahrscheinlich Sympathiepunkte kosten. Orchideen können nämlich ganz schön hinterlistig sein. Zwar nicht für uns, aber fragen Sie mal die Insekten. Nektar gegen Bestäubung – das ist eigentlich der Deal. Viele Orchideen halten sich aber nicht daran. Das Gefleckte Knabenkraut zum Beispiel gibt vor, die perfekten Blüten zu besitzen. Um die Gunst der Insekten zu wecken, zieht es alle Register: bunte Farben, ein verführerischer Duft, einladende Landeplätzen und Wegweiser zum Nektar – zum nicht vorhandenen Nektar. Hätte das Knabenkraut einen TikTok-Kanal, würde es dort Thirst-Trap-Videos posten, in der Insekten-Version. Das Rote Waldvöglein geht sogar noch einen Schritt weiter. Es begeht Identitätsdiebstahl und gibt sich als Glockenblume aus. Die hat sehr wohl Nektar und wird entsprechend gerne von Insekten angeflogen – genauso wie Pflanzen, die ihr täuschend ähnlich sehen.

Die Ragwurzen sind die Meisterschwindler im Orchideenreich. Statt vorzugeben, mit Nektar gefüllte Blüten zu bieten, zielen sie auf die größte Schwachstelle der Insekten-Männchen. Die sind nämlich nicht nur nektargierig, sondern vor allem liebeshungrig. Die Blüten zeigen eine gewisse Ähnlichkeit mit Insekten, was ihnen Namen wie Bienen-, Hummel- oder eben Fliegenragwurz eingebracht hat. Was für ein Sinn dahinter steckt, war allerdings lange ein Rätsel.

Hier blüht ein Identitätsdiebstahl

Unter den Orchideen ist die Fliegen-Ragwurz eine unscheinbare Erscheinung. An langen Stängeln sitzen die Blüten, bräunlichrot und kaum größer als eine Ragwurz-Zikadenwespe (oder – falls ihnen der Vergleich aus unerfindlichen Gründen nicht weiterhilft – eine Kidneybohne). In ihrer Form erinnern die Blüten tatsächlich etwas an eine Fliege, auch wenn diese Insekten im weiteren Verlauf keine Rolle mehr spielen werden. Stattdessen kommen wir zurück zur Ragwurz-Zikadenwespe. Die Grabwespe ist ab Mai unterwegs, kurz nachdem die Ragwurz ihre Blüten geöffnet hat. Das oberste Ziel der Männchen: eine Partnerin finden. In den Weiten der blühenden Wiesen ist das gar nicht so leicht. Glücklicherweise liegt ein Duft in der Luft, dessen Spur die Männchen nur folgen müssen. Der Duft eines Grabwespen-Weibchens.

Das Leben eines Grabwespen-Männchens ist kurz und die Gelegenheiten zur Paarung selten. Dementsprechend hoch ist die von dem Duft ausgehende Anziehungskraft. Die perfekte Ausgangssituation für die Ragwurz. Sie hat die Duftbotschaft kopiert. Aus Hunderten Zutaten hat sie ihr Parfüm gemischt. Die Fälschung ist perfekt – die Männchen reagieren darauf genauso, als würde es von einem Weibchen stammen. Zielgerichtet folgen sie dem Parfüm und fliegen der Blüte entgegen. Entdeckt! Der Anblick der Blüte sorgt nicht für Misstrauen, im Gegenteil. Zwei Blütenblätter strecken sich nach oben wie lange Fühler und auf einem nach unten reichenden Blütenblatt sitzt ein helles Mal, schimmernd wie Flügel. Blitzschnell stürzt sich die Grabwespe auf das vermeintliche Weibchen. Sobald sie gelandet ist, beweist die Blüte: Sie riecht und sieht nicht nur nach einem Grabwespen-Weibchen aus, sie fühlt sich sogar nach einem an. Feine Härchen sitzen auf der Blüte und dienen dem Männchen als Orientierung. Die Richtung des Haarstrichs verrät ihm – genauso wie es bei einem Weibchen wäre – wo vorne und wo hinten ist. Eine nicht unwichtige Information für das Gelingen der Paarung. Oben ist übrigens bei Ragwurzen nicht gleich „vorne“ – manche Pflanzen dirigieren ihre Bestäuber auch mit dem Kopf nach unten.

„Sexualtäuschung“: wenn eine Blüte aussieht wie die Sexpartnerin

Die Grabwespe rutscht in die richtige Position. Ihren Begattungsapparat hat sie bereits beim Landen weit ausgestülpt. Denn jetzt muss alles schnell gehen – nachher kommt sonst noch ein fremdes Männchen und macht ihm seine „Partnerin“ streitig. Das getäuschte Männchen beginnt mit heftigen Kopulationsbewegungen und versucht laut summend, die Geschlechtsöffnung des Scheinweibchens

zu finden. Bei dieser körperlichen Betätigung bleibt es nicht aus, dass es mit den Pollen in Berührung kommt. Schwer enttäuscht und ordentlich bepudert zieht das Männchen nach einer Weile ab. Nur um sogleich der nächsten Duftspur zu folgen.

Die „Sexualtäuschung“ ist ein ausgeklügelter Mechanismus. Immerhin ist es wirklich eine Leistung für eine Pflanze, vorzutäuschen, sie wäre ein Insekt. Warum also der Aufwand? Immerhin könnte sie sich auch an den Deal halten und Bestäuber mit Nektar anlocken. Die Antwort liegt auf der Hand, wenn man dem Flug des Grabwespen-Männchens folgt. Es fliegt von Ragwurzblüte zu Ragwurzblüte und denkt gar nicht daran, irgendwo anders einen Zwischenstopp einzulegen. Damit transportiert es die Pollen zielgerichtet zu den richtigen Blüten, ohne dass die wertvolle Fracht auf artfremden Blüten verloren geht.

Natürlich ist das Ziel einer Ragwurz-Pflanze, dass die Pollenladung aus ihren Blüten auf den Blüten einer anderen Ragwurz-Pflanze landet. Selbstbestäubung würde sie nämlich auch selber ohne die Hilfe von Insekten hinkriegen. Und tatsächlich hat sie auch dafür eine Lösung parat: Das Parfüm aller Ragwurz-Pflanzen ahmt zwar das der Grabwespen-Weibchen nach. Allerdings besitzt darüber hinaus jede Pflanze ihre individuelle Note. Das ist bei den Weibchen nicht anders und hat gleich zwei Vorteile: Zum einen erriechen die Männchen Verwandte und machen um sie bei der Partnerwahl einen Bogen. Zum anderen erkennen sie Weibchen, mit denen sie sich schon gepaart haben.

Genauso unterscheidet die männliche Grabwespe die einzelnen Pflanzen. Nachdem sie enttäuscht von der missglückten Paarung von einer Blüte weggeflogen ist, fällt sie meist kein zweites Mal auf sie herein. Irgendwann im Laufe ihres Lebens kommen die Insekten-Männchen nicht nur einer einzelnen Ragwurz auf die Schliche, sondern fallen insgesamt nicht mehr auf die Täuschung herein. Doch die Orchidee hat längst, was sie wollte, und wartet geduldig, bis im nächsten Jahr neue, unerfahrene Männchen unterwegs sind.

Der Angriff der Pflanzen

Das Leben als Pflanze hat einen entscheidenden Nachteil: Sie ist dazu verdammt, ihr Leben an dem Ort zu verbringen, an dem es begonnen hat.

WENN WIR DAVON SPRECHEN, irgendwo Wurzeln zu schlagen, sollten wir vorher vielleicht lieber die Rose im Garten oder das Basilikum auf der Fensterbank um Rat fragen. Die würden uns sicherlich davon abraten. Tatsache ist: Ein sesshaftes Leben kann nicht nur ganz schön langweilig werden, sondern auch Gefahren bergen. Dabei meine ich noch nicht einmal den massenhaften Basilikum-Tod auf Fensterbänken. (An dieser Stelle muss ich gestehen, dass ich etliche Topfpflanzen auf dem Gewissen habe. Sogar mein Kaktus macht eine Figur, als ob er dabei ist, sich mit einem rettenden Sprung aus meiner Obhut zu befreien.) An dieser Stelle soll es um die Pflanzen „da draußen" gehen. Beginnen wir einmal im Wald:

Die Buche – in den Schatten gestellt

Waren Sie schon einmal in einem Buchenwald? Wo Buchen schon seit Jahrhunderten oder gar Jahrtausenden wachsen, haben andere Baumarten kein leichtes Leben. Das dichte Kronendach verschluckt das Sonnenlicht und hüllt den Waldboden in einen dichten Schatten. Stellenweise dringen nur zwei Prozent des Lichtes durch die Blätter der alten Buchen.

Mit „fight or flight" – „Kampf oder Flucht" – reagieren wir simpel gesagt auf Gefahrensituationen. Die Bäume haben diese Wahl nicht. Weil sie nicht flüchten können, müssen sie ihr Revier umso erbitterter verteidigen. Manche Bäume gehen Streitigkeiten aus dem Weg, indem sie sich an Orten niederlassen, wo wenig Konkurrenten wachsen. Hochmoore zum Beispiel so wasserreich und nährstoffarm, dass nur wenige Arten hier wurzeln. Die Moorbirke und die Moorkiefer gehören zu ihnen. Die Moorböden übernehmen sozusagen für sie die Bekämpfung der Konkurrenz.

Es gibt aber auch Bäume, die selbst auf Angriff gehen, zum Beispiel die Buche. Mit ihrem dichten Kronendach klaut sie den anderen Bäumen das Licht und entzieht ihnen damit die Lebensgrundlage. Sie krönt sich selbst zur Königin des Schattenreichs. Unter den alten Baumriesen gedeihen fast ausschließlich ihre eigenen Nachkommen. Denn die besitzen eine so hohe Schattentoleranz, dass sie hier nicht verkümmern.

Die Rotbuche ist eine Klimaxbaumart. Wo neuer Wald heranwächst, haben zwar zu Beginn noch andere Baumarten die Blätter vorne. Birken zum Beispiel trotzen nicht nur in Gestalt der Moorbirken den lebensfeindlichen Bedingungen im Moor, sie sind auch die Pioniere unter den Bäumen. Egal, ob eine Fuge im Gehweg, eine Brachfläche in der Großstadt oder ein vom Sturm umgeworfener Wald – die Birke ist in der Lage, fast überall Wurzeln zu schlagen. Ihre Herrschaft ist jedoch von kurzer Dauer. Bald stürzen Halbschatten- und Schattenbaumarten, wie die Buche, sie vom Thron und nehmen ihren Platz ein. Die Dominanz der Buche ist nicht nur unter Bäumen berüchtigt. Sogar in der Forstwirtschaft wird kritisch auf die „Verbuchung" geschaut, bei der die Buche andere Bäume unterdrückt. Ein Ergebnis, das den jahrtausendealten Erfolg ihrer Strategie unter Beweis stellt.

Der Apfelbaum – unsichtbarer Tod auf der Obstwiese

Auf der Anklagebank würde die Buche wohl Ausflüchte finden. „War nur ein Versehen! Woher soll ich auch wissen, dass ich die anderen Bäume töte, wenn ich ihnen das Sonnenlicht klaue?!" Damit könnte sie sogar Erfolg haben und gerade noch mit einem Freispruch davonkommen.

Wer gar nicht erst mit dem Erfinden von Ausreden anfangen braucht, ist der Apfelbaum. Und damit meine ich nicht den „Todesapfel", worunter der Manchinelbaum unlängst berühmt wurde, als er Youtuber an einem tropischen Strand in die Flucht schlug. Tatsächlich kann der Verzehr der an Äpfel erinnernden Früchte tödlich enden und sich bei Regen bei ihm unterzustellen, ist auch eine denkbar schlechte Idee, die mit schmerzhaften Verätzungen quittiert wird. Verwandt ist der Manchinelbaum mit dem Apfelbaum übrigens nicht. Dennoch haben sie mehr gemeinsam als das Aussehen ihrer Früchte: ihre Giftigkeit.

Bis es so weit war, dass der Kulturapfel in allen Farben und Formen in den Auslagen der Obstabteilung lag, verging ein langer Weg. Auch wenn uns diese Fülle anderes glauben lässt: Heute herrscht Apfelarmut. Am Ende des 19. Jahrhunderts kultivierten die Menschen weltweit mehr als 20.000 Apfelsorten. Der Wunsch nach größeren Erträgen und genormteren Früchten sortierte die alten Sorten nach und nach aus. In den Obstabteilungen sind am Ende nur eine gute Handvoll übrig geblieben. Aber bevor Sie zu viel Mitleid bekommen, kehren wir zurück zum Apfelbaum als Kriminellen. Zunächst die Entwarnung: Sie brauchen nicht alle Äpfel in die Biotonne werfen, die Früchte sind nicht giftig. Das würde auch der Strategie des Baumes zuwiderlaufen. Immerhin bietet er seine schmackhaften Äpfel aus gutem Grund an. Sie sind das Trinkgeld für die Lieferboten. Gut geschützt unter dem knackigen Fruchtfleisch sitzen die Samen und warten nur darauf, in einem Magen zu landen und in einiger Entfernung wieder das Licht der Welt zu erblicken. Der Dünger für das Wachstum wird auf diesem Weg direkt mitgeliefert. Auf den Trick der Bäume fallen sogar wir herein. Blöderweise endet der Plan mit dem Gang auf die Toilette in einer Sackgasse. Wenn Sie dem Apfelbaum Ihre Dankbarkeit zeigen wollen, gehen sie also öfters mal in den Garten, um … den tierischen Gartenbewohnern einen Apfel anzubieten und sie den Plan ausführen zu lassen. Oder was dachten Sie?

Lassen Sie sich von der friedfertigen Zusammenarbeit mit dem tierischen Lieferdienst nicht täuschen! Hinter unserem Rücken (oder besser unter unseren Füßen) führt der Apfelbaum Krieg. Sie müssen wissen: Er ist ein Einzelgänger. Nicht, dass das eine Entschuldigung wäre. Aber er setzt eben alles daran, dass ihm die Nachbarbäume nicht zu nah kommen. Vielleicht kein unbegründetes Unterfangen, wenn wir an die Machenschaften der Buchen denken. Deren Attacken sind dagegen aber geradezu subtil. Der Apfelbaum greift zum Gift! Über seine Wurzeln pumpt er einen Stoff namens Phlorizin in den Boden. In seinem Inneren war er noch harmlos. Erst die Mikroorganismen im Boden verwandeln ihn in ein Gift, das Apfelkerne am Keimen hindert. Die Konkurrenz ist also außer Gefecht gesetzt. Nur einen Nachteil birgt das Ganze: Er verhindert damit sogar seine eigene Vermehrung in der direkten Umgebung. Ein Glück, dass er den Lieferdienst hat,

Der Apfelbaum vergiftet sogar seine eigenen Nachkommen!

der seine Samen zu giftfreien Böden bringt. Wer einen Apfelbaum pflanzen möchte sollte das im Hinterkopf haben: Am besten eignet sich dafür eine Stelle, ein Stück vom nächsten Apfelbaum entfernt (selbst wenn der abgeholzt wurde).

Es gibt übrigens einen Baum, der sogar dem Apfelbaum gefährlich werden kann: der Walnussbaum. Denn er gehört ebenfalls zu den Giftmischern. „Juglon“ heißt seine Waffe, die er in den Blättern schmiedet und Pflanzen am Keimen hindert (neben Apfelbäumen reihen sich auch Tomaten- und Kartoffelpflanzen in die lange Reihe seiner Opfer ein).

Die Knoblauchsrauke – Giftkrieg im Waldboden

Eigentlich beschäftigt sich dieses Buch mit Verbrechen, die sich in der Natur vor unserer Haustüre abspielen. An dieser Stelle müssen wir aber einen kleinen Abstecher nach Nordamerika machen. Dort hat ein Eindringling für Aufsehen gesorgt, weil er dem Kanadischen Ahorn an den Kragen will. Dem Nationalsymbol schlechthin also – das wäre in etwa so, als stünde in Bayern das Überleben des Hopfens auf dem Spiel. Und – um den Schlenker zurück nach Deutschland zu schlagen – der Eindringling ist niemand geringerer als die Knoblauchsrauke. Dieses bei uns wachsende Kraut, das es in sämtliche Wildkräuter-Rezeptbücher geschafft hat.

Das Problem: Die Knoblauchsrauke ist nicht hier geblieben, sondern macht sich mittlerweile in Nordamerika breit. Das klingt so vorwurfsvoll, aber die Pflanze kann tatsächlich überhaupt nichts dafür. Sie ist schließlich nicht auf der Suche nach einem Opfer durch den Atlantik geschwommen. Wie so oft sind wir Menschen Schuld an der Misere. Vor über 150 Jahren war offenbar jemand der Meinung, dieses Gewürzkraut wäre für Amerika eine echte Bereicherung. War keine so gute Idee. Das konnte dieser Jemand aber natürlich nicht wissen. Allerdings können wir heute eine Menge aus diesem Fehler lernen. Zum Beispiel, dass wir Pflanzen (und Tiere) einfach da lassen sollten, wo sie leben, anstatt sie um die halbe Welt zu verschiffen und dort auf die Natur loszulassen.

Was das im Fall der Knoblauchsrauke für Folgen hatte, wurde erst in den letzten Jahrzehnten so richtig deutlich. Die Pflanze hatte mittlerweile genug Zeit, um sich in den nordamerikanischen Wäldern breitzumachen. Und das ist der große Unterschied gegenüber den Knoblauchsrauken bei uns. Die begnügen sich nämlich mit dem Platz am Rand des Waldes, auf Waldlichtungen oder an Stellen, an denen der Wald geschädigt wurde. Notgedrungen, muss man dazusagen. Wenn sie könnten, würden sie anders. Die dafür notwendigen Waffen besitzen sie bereits. In gewisser Weise ähneln sie denen des Apfelbaums. Die Kriegsführung der Knoblauchsrauke scheint aber eine vollkommen andere Strategie zu verfolgen.

Mit Gift gegen Dunkelheit

Die Knoblauchsrauke greift mit chemischen Verbindungen an. Forschende beobachteten, dass sie im Boden die Pilzpartner der Bäume und nicht die Bäume direkt attackiert. Unter Laborbedingungen setzten sie das Wachstum von Pilzen sogar auf Null. Der Angriff ist ebenso erfolgversprechend, als würde die Knoblauchsrauke ihr Ziel direkt attackieren. Als symbiotische Partner versorgen die Pilze die Bäume nicht nur mit Nährstoffen, sondern können sie auch vor Krankheitserregern schützen. Besonders hart trifft es die Baumkeimlinge, und nicht nur die des Kanadischen Ahorns. Sie sind besonders stark auf die Hilfe ihrer Verbündeten im Erdreich angewiesen. Indem die Knoblauchsrauke ihnen das Wachsen schwer macht, verschafft sie sich einen Vorteil im Kampf um das für Pflanzen lebensnotwendige Licht.

Scheinbar hat ihr Erfolg von Standort zu Standort einen unterschiedlichen Grund. Während die einen Studien den Grund vor allem in der Bekämpfung der Mykorrhizapilze sehen, fanden andere Studien Hinweise darauf, dass die Knoblauchsrauke die Bakteriengemeinschaften im Boden angreifen und für eine Ansammlung von

Ein Wildkraut mit krimineller Vorgeschichte.

Krankheitserregern sorgen. Einige nordamerikanische Baumarten stehen den Angriffen scheinbar unbewaffnet gegenüber. Deswegen kann die Knoblauchsrauke sich stark vermehren und in den Wäldern erheblichen Schaden anrichten. Bei uns ist das anders: Die Bäume wachsen schon so lange mit der Knoblauchsrauke Seite an Seite, dass sie ihre Tricks anscheinend kennen und darauf reagieren können.

Unfreiwillig treu

Der Keuschheitsgürtel gehört zu den Exponaten, die bei Museumsbesuchen am meisten für Gesprächsstoff sorgen.

LANGE ZEIT WURDE ER MIT DEM DUNKLEN MITTELALTER IN VERBINDUNG GEBRACHT. Der Gedanke, Kreuzritter hätten damit während ihrer Abwesenheit die Keuschheit ihrer Ehefrauen sichergestellt, hielt sich hartnäckig. Insbesondere Medizinhistoriker äußerten Zweifel an dieser Theorie. Die Frauen hätten das monate- oder sogar jahrelange Tragen eines Keuschheitsgürtels angesichts der herrschenden Hygienebedingungen kaum überleben können. Tatsächlich entpuppten sich etliche angeblich mittelalterliche Exponate als Erzeugnisse des 19. Jahrhunderts und verschwanden aus den meisten Museen. Über den Grund ihrer Verwendung ranken sich aber noch immer die verschiedensten Thesen, die vom Schutz vor Übergriffen durch die Herrschaften bis hin zur Nutzung für erotische Spielchen reichen. Eins wissen wir aber sicher: Die Menschen haben den Keuschheitsgürtel nicht erfunden. Die Idee ist geklaut – aus dem Tierreich.

Der Apollofalter – ein Schmetterling mit Keuschheitsgürtel

Der Apollofalter gehört zu den Erfindern. Mit der Patentierung hätte er es aber schwierig gehabt, denn er ist längst nicht als Einziger auf die Idee gekommen. Vom Wurm über die Ratte bis hin zu einem unserer nahen Verwandten, dem Schimpansen: Sie alle nutzen diesen Trick bei der Paarung.

Die Paarung der Apollofalter ist ein seltener Anblick. Als der Homo sapiens durch die offene Landschaft der letzten Kaltzeit streifte, war das noch anders. Mit dem Ende der Kaltzeit vor rund 12.000 Jahren kehrten die Bäume zurück und der Falter zog sich notgedrungen in die waldfreien Gebiete zurück, wie sie ihm die Gebirge boten. Von da an lebten die Tiere wie auf Inseln getrennt voneinander und es entstanden Unterarten. Eine davon ist der Mosel-Apollofalter, den es weltweit nur im rheinland-pfälzischen Moseltal gibt. Auf den Felsen, die sich an den Flusslauf schmiegen, lebt er. Doch seine Zahl nimmt rasant ab. Gifte, die aus Hubschraubern auf die Weinberge (und nebenbei seine Felsen) gesprüht werden und das Zuwuchern der vormals kargen Flächen, setzen ihm zu. Deutschlandweit gilt der Apollofalter als stark gefährdet. Sogar international genießt er durch das Washingtoner Artenschutzabkommen Schutz. Im Gegensatz zu Elefant oder Panda kennt den Apollofalter aber kaum ein Mensch.

Seinen Namen verdankt er – in Anlehnung an den römischen Gott des Lichtes – seiner Eigenheit, bei Sonnenschein haltlos umherzufliegen. Das Männchen fliegt Patrouille und hält dabei Ausschau nach einem Weibchen. Sobald es eines entdeckt hat, stürzt es geradezu auf das Weibchen herab und startet mit kräftigen Flügelschlägen die Flirtversuche. Die anschließende Paarung dauert mehrere Stunden, ein riskantes Unterfangen, bei dem am Ende manchmal zwei am Boden liegende Flügelpaare von einem Zusammenstoß mit hungrigen Feinden zeugen. In Anbetracht des Aufwandes ist es nur verständlich, dass die Männchen alles für die Sicherstellung ihrer Vaterschaft tun.

Es ist unter weiblichen Apollofaltern durchaus üblich, sich mehrmals zu paaren – mit verschiedenen Partnern, versteht sich. Das versuchen die männlichen Falter zu verhindern. Ob die Fortpflanzung Erfolg hat, entscheidet sich nämlich erst im Nachhinein. Nun könnten sie nach der erfolgten Paarung ihrer Partnerin auf Schritt und Tritt folgen. Die „Partnerbewachung“ ist im Tierreich keine Seltenheit, aber eben mit einigem an Aufwand verbunden. Vor allem, weil die Männchen besseres zu tun hätten, zum Beispiel sich mit weiteren Weibchen zu paaren. Also müssen sie irgendwie verhindern, dass sich nachfolgende Männchen ebenfalls erfolgreich paaren können. Und da kommt der Keuschheitsgürtel ins Spiel.

Bei der Paarung hat das Männchen ein Sekret abgesondert. Das erstarrt am Hinterleib des Weibchens und wirkt eben wie ein Keuschheitsgürtel. In der Fachsprache trägt dieses hornartige Gebilde den Namen „Sphragis" und ist tatsächlich mehr Korken als Gürtel. Während es sich bei manchen Falterarten eher um einen Weinkorken handelt, der von außen fast unsichtbar ist, ist es beim Apollofalter eher ein Sektkorken, der deutlich vom Hinterleib absteht.

Das Falter-Weibchen trägt den Keuschheitsgürtel manchmal ein Leben lang!

Ein Verwandter des Apollofalters (der ist übrigens auch als Roter Apollo bekannt) ist der Schwarze Apollo. Er lebt in den Gebirgen und fertigt dort bei den Paarungen ebenfalls Keuschheitsgürtel an. Die zeigen einen erstaunlichen Formenreichtum – von kleinen Stopfen bis hin zu großen Schilden. Forschende beobachteten, dass die großen Schutzvorrichtungen deutlich erfolgversprechender waren als die kleinen. Sie blieben häufig ein Leben lang am Weibchen (klingt schlimm, die Falter leben aber ohnehin nur zwei bis drei Wochen). Je größer die Keuschheitsgürtel, desto größer ist der Aufwand für die Männchen. Den machen sie sich nicht wahllos. Bei größeren Weibchen, die eine damit verbundene höhere Fruchtbarkeit aufwiesen, investierten die Männchen deutlich mehr Arbeit, um ihre Vaterschaft zu sichern. Und auch die Anzahl an Konkurrenten spielte eine Rolle dabei, wie gewissenhaft die Falter vorgingen.

Der Wasserfrosch – stille Frösche sind erfolgreich

Ein lauer Sommerabend, die Grillen zirpen im hohen Gras, über dem Gartenteich vermischt sich das Rascheln der Libellenflügel mit dem Konzert der Frösche. Bei solchen Paarungsgesängen scheiden sich bekanntlich die Geister. Die einen warten am Teich freudig auf die ersten Quaker, die anderen stellen schon einmal den Antrag auf den Bau einer Lärmschutzmauer zum Nachbargarten. Klingt übertrieben, aber Frösche können es in der Tat locker mit Autos aufnehmen (zumindest lautstärketechnisch – beim direkten Aufeinandertreffen sind die Autos eine der größten Gefahren für die heimische Amphibienwelt). Neben einer Autobahn steigt die Geräuschkulisse zwar locker auf über 80 Dezibel, Frösche knacken aber schon einmal die 90 Dezibel. Immerhin muss man sich in der Masse an Nebenbuhlern irgendwie durchsetzen!

Der Lärm aus dem Froschteich ist ein wiederkehrendes Thema bei meiner Arbeit. Amphibien sind nämlich eins meiner Lieblings-Gesprächsthemen und glücklicherweise darf ich auf den unterschiedlichsten Bühnen ihre Geschichten erzählen. Dann und wann kommt aus dem Publikum die Frage, was man denn gegen die Lärmbelästigung tun könne. Übrigens kein neues Thema – schon vor über einem Jahrhundert gab es gerichtliche Auseinandersetzungen über laut quakende Frösche. Wenn ich antworte „Nichts“, ist das nichts als die juristische Wahrheit (ok, und ich bin bei allem, was hüpft und quakt, wohl auch etwas voreingenommen). Die „Lärmquelle“ zu beseitigen, kann richtig teuer werden. Und auch wenn ich mich damit nicht bei allen beliebt mache: zum Glück! Die Hälfte unserer Amphibienarten ist schon heute in ihrem Bestand gefährdet und bei einigen Arten ist dieses Schicksal schon absehbar. Sie brauchen also jede Hilfe – und jeden Teich – die sie kriegen können. In Härtefällen können Behörden Ausnahmegenehmigungen für die Umsiedlungen ausstellen. Aber am schönsten ist es doch, wenn die Tiere ihr Zuhause behalten dürfen.

Froschkonzert mit 90 Dezibel

Wasserfrösche gehören zu unseren musikalischsten Fröschen. Wenn der Sommer sich mit den ersten warmen Tagen ankündigt, ertönen ihre Rufe manchmal bis tief in die Nacht hinein. Oft versammeln sich die Männchen in kleinen Gruppen, dümpeln gemeinsam auf dem Wasser herum und blasen lautstark ihre Schallblasen auf. Ihre Reviere verteidigen sie aber nicht nur mit solchen Ansagen, sondern durchaus auch mit handfesten Auseinandersetzungen. Da wird im Wasser schon einmal unsanft gerempelt und gedöppt. Solche Ringkämpfe sehen wild aus und wecken natürlich auch die Aufmerksamkeit der Weibchen.

Für die rufenden Wasserfrösche ist das Ganze richtig anstrengend. Mit etwas Glück kommt als Belohnung irgendwann ein paarungsbereites Weibchen um die Ecke geschwommen. Wenn da nicht ein Abstauber auf der Bildfläche erscheinen würde! Nicht alle Männchen machen sich die Mühe wochenlanger Rufkonzerte. Manche sitzen abseits und warten auf eine passende Gelegenheit. Die ist gekommen, wenn ein Weibchen ihren Weg kreuzt. Das steuerte gerade auf einen Rufer zu und wird im nächsten Moment umklammert. Indem sie sich mit ihrer Abstauber-Strategie über die Regeln am Froschteich hinwegsetzen, kommen sie mit deutlich weniger Einsatz zum Erfolg. Wenn sich das rumspricht, wird es vielleicht doch noch ruhiger am Gartenteich!

Die Rauchschwalbe – Fehlalarm am Liebesnest

Die Beziehungskonzepte unter Vögeln könnten unterschiedlicher kaum sein. Da gibt es zum Beispiel den Waldkauz, der ein Leben lang treu ist, und als Gegenmodell dazu den Zaunkönig, der auch schon mal fünf Techtelmechtel in nur einem Jahr hat. Und dann gibt's natürlich auch noch den Schwan, der sich in ein Tretboot verliebt, aber solche Sonderfälle lassen wir hier mal beiseite. Die Rauchschwalbe gehört zu den Vögeln, die monogame Partnerschaften führen, dabei dem einen oder anderen Seitensprung aber nicht abgeneigt sind. Häufig hört man nur von Vogelmännchen, die die Weibchen alleine mit den Eiern sitzen lassen. Doch es gibt sie, die untreuen Vogelweibchen! Unter Rauchschwalben zum Beispiel ist das keine Seltenheit – das wissen auch die Schwalbenmännchen und greifen zu merkwürdigen Verhaltensweisen.

Schwalben machen Seitensprünge

Das Rauchschwalbenpaar teilt sich die Arbeit. Die Aufgabe des Männchens endet nicht bei der Paarung. Auch beim Nestbau, beim Bebrüten der Eier und beim Füttern des Nachwuchses leistet er seinen Anteil. Es könnte also harmonisch zugehen: Alle Schwalben sitzen in ihren Nestern und warten treu auf ihre Partner. Die legen allerdings gerne einen Zwischenstopp bei einem Nestnachbarn ein.

Für die Männchen hat das den Vorteil, dass sie nicht nur Kinder im eigenen Nest haben, sondern noch weitere in fremden Nestern. Auf diese Weise steigern sie ihren Fortpflanzungserfolg, und das ohne großen Aufwand. Die Männchen kümmern sich nämlich nur um den Nachwuchs im eigenen Nest, die Aufzucht der in der Nachbarschaft schlüpfenden Halbgeschwister übernimmt der gehörnte Konkurrent.

Aber auch für die Weibchen hat der Ehebruch einen Vorteil: Fremdgehen sorgt zwar nicht für mehr Nachwuchs, dafür aber für eine höhere genetische Vielfalt. Und vielleicht ist die Affäre sogar genetisch gesehen die bessere Wahl – doch dazu später mehr.

Bittere Tatsache für die Männchen: Im Schnitt ist jedes vierte Ei fremdbefruchtet. Wenn die

Rauchschwalben also nicht „monogam“ sind, was sind sie dann? Genau, sie sind „kleptogam“. Ihr Diebesgut: Eizellen. Wobei diese Vorstellung in meinen Augen veraltet ist. Schließlich stellen die Weibchen ihre Eizellen nur allzu bereitwillig für außereheliche Verbindungen zur Verfügung. Dass es eine „Female Choice“ gibt, die Weibchen bei der Fortpflanzung also durchaus ihre eigenen Interessen verfolgen, ist zwar seit Jahrzehnten bekannt. Doch allzu oft entsteht noch immer der Eindruck, sie wären nur ein Spielball männlicher Interessen. Eine Sache klauen die Männchen aber tatsächlich: die Brutfürsorge des betrogenen Konkurrenten.

Die Schwalbenmännchen haben ein Repertoire an Möglichkeiten, um die Weibchen zur Treue zu zwingen. Eins vorweg: Der Keuschheitsgürtel zählt nicht dazu. Klar, sie könnten ihrer Partnerin so lange nicht von der Seite weichen, bis alle Eier von ihnen selbst befruchtet im Nest liegen. Allerdings verbaut sich ein Männchen dadurch die Aussichten auf eine reiche Nachkommenschaft in anderen Nestern. Die Möglichkeit scheidet also aus. Weil sich das Männchen demzufolge nie sicher sein kann, was das Weibchen in seiner Abwesenheit getrieben hat, bepickt er ihre Kloake. Das Mittel der Wahl, um fremdes Sperma aus dem Genitalkanal herauszubefördern. Eine weitere Lösung ist Sex. Viel Sex. Nämlich so viel, dass das fremde Sperma so stark verdünnt wird, dass das Risiko einer Fremdbefruchtung sinkt. Aber was tun, wenn das Nest bei der Rückkehr leer ist? Das Männchen kann schließlich nicht wissen, ob seine Partnerin nur auf Nahrungssuche ist oder sich dort mit einem Konkurrenten vergnügt. Sicher ist sicher: Er schlägt Alarm!

Schwalbenmännchen gelangen mit Betrug zur ehelichen Treue!

Das stehen gelassene Männchen fliegt um das Nest herum und lässt laute Warnrufe ertönen. Feindlicher Angriff! Das Nest ist in Gefahr! Das denkt bei diesem Radau zumindest das Weibchen und eilt herbei. Ihre Affäre lässt sie vor lauter Sorge links liegen. Feindwarnrufe ohne einen Feind in der Nähe abzugeben, das ist Betrug. Ganz bewusst tut das Schwalbenmännchen so „als ob" – es begeht „Signalfälschung". Mit dem einzigen Ziel, das Weibchen vom Fremdgehen abzuhalten. Und es klappt: Durch die Störungen steigt seine Wahrscheinlichkeit, tatsächlich der Vater der später in seinem Nest liegenden Eier zu sein.

Bei ihrer Betrugsmasche gehen die Schwalben nicht ohne Abwägung vor. Ihre Reaktion machen sie davon abhängig, wann sie ein leeres Nest vorfinden. Während sie zu Beginn der Eiablagezeit in über 90 Prozent der Fälle zum falschen Alarm greifen, bleibt diese Reaktion später, während der Brutzeit, aus. Und das ist ziemlich schlau: Sobald die Eier im Nest liegen und das Weibchen mit dem Brüten beschäftigt ist, besteht nämlich ohnehin keine Gefahr mehr, dass ihm ein (weiteres) „Kuckucksei" untergeschoben wird. Den ganzen Aufwand betreiben übrigens nur in Kolonien nistende Schwalben. Bei Nestern in Alleinlage ist die Abwesenheit des Weibchens für die Männchen kein Grund zur Aufregung. Das änderte sich erst, als Forschende ihnen ausgestopfte Geschlechtsgenossen vor den Schnabel setzten. Da war das Geschrei (oder besser gesagt der falsche Alarm) groß.

Aussehen ist (fast) alles

Aber kommen wir noch einmal zurück zu den Schwalbenweibchen. Die wählen ihre (ehelichen und außerehelichen) Partner nicht wahllos aus. In der Vogelforschung vermutete man, dass die Färbung der Kehle entscheidend für die Attraktivität eines Schwalbenmännchens ist. Je kräftiger die rote Gefiederfärbung, desto bessere Karten hat er bei den Weibchen. Um die Vermutung auf die Probe zu stellen, haben nordamerikanische Forschende zum Pinsel gegriffen und einem Teil der Männchen ein

Ab April brüten die Schwalben.

Umstyling verpasst. Der Erfolg war erst auf den zweiten Blick zu sehen. Denn die Weibchen blieben bei ihren ursprünglichen Partnern, gingen aber häufiger heimliche Techtelmechtel mit den stylischeren Männchen, sprich den kräftiger gefärbten, ein. Am Ende landeten also überdurchschnittlich viele von ihren befruchteten Eiern in den fremden Nestern. Ob sich die Weibchen dabei nur von der Optik leiten ließen, ist zumindest fraglich. Denn es blieb bei den Männchen nicht bei einer Veränderung des Federkleids. Auch auf ihre Sexualhormone hatte das Auswirkungen – sprich: Sie verwandelten sich nach dem Umstyling in testosterongeladene und offensichtlich unwiderstehliche Liebhaber.

Schwarze Witwen

Wir haben an anderer Stelle schon über Serienkiller gesprochen. Da fällt mir ein: Ich habe vergessen zu erwähnen, dass es natürlich auch Serienkillerinnen gibt.

EINIGE VON IHNEN ERLANGTEN ALS „SCHWARZE WITWEN" BERÜHMTHEIT. Ihre Akten erzählen die Geschichte von Frauen, die Männer ausraubten und ihren Tod vortäuschten, oder von Frauen, die unter mysteriösen Umständen unzählige Male verwitweten. Das Vorbild für diesen Namen: die Schwarzen Witwen des Spinnenreichs. Latrodectus tredecimguttatus ist eine von ihnen. Versuchen Sie gar nicht erst, diesen Namen auszusprechen. Nennen wir sie lieber Europäische Schwarze Witwe. Die ist wirklich spektakulär. Mit ihrer schwarz-roten Färbung könnte sie glatt als die Spinne aus „Spider-Man" durchgehen. Das dachten sich bei dem Anblick auch kleine Fans des Superhelden und ließen sich absichtlich von der Giftspinne beißen. Zum Glück bezahlten sie die Idee nur mit einem Krankenhausaufenthalt. Hierzulande kommen Schwarze Witwen nicht vor. Nur hin und wieder eben doch. Von uns Menschen hierher transportiert, legen sie dann schon mal wochenlang Frachtschiffe lahm, bis eine Fachfirma die Gefahr gebannt hat. Warum die Schwarzen Witwen diesen Namen tragen, sehen wir, wenn wir beim Spinnensex zusehen. Es gibt sogar Forschende, die das beruflich machen, und was soll ich sagen, ich bin ein bisschen neidisch. Das Ganze ist nämlich spannender als jeder Serienkiller-Film. Die gute Neuigkeit für alle, die auch mal zum Spinnen-Spanner werden möchten: Männerfressende Spinnenfrauen gibt es auch bei uns, die werden nur anders genannt.

Die Wespenspinne – über abgebrochene Penisse und verspeiste Partner

Die Wespenspinne ist so eine Schwarze Witwe (im verbrecherischen Sinne, nicht im biologischen). Normalerweise ist sie eine Einzelgängerin, nur zur Paarungszeit macht sie notgedrungen eine Ausnahme. Bei der Partnersuche muss sich das Spinnenweibchen nicht vom Fleck bewegen. Sie wartet einfach in ihrem Nest, bis ein Männchen vorbeikommt. Allein der Größenunterschied weckt den Eindruck, dass er sich geradewegs in eine brenzlige Situation hineinmanövriert. Bei dieser Spinnenart liegt ein ausgeprägter Sexualdimorphismus vor, das heißt, Männchen und Weibchen teilen wirklich wenig Ähnlichkeiten. Das Männchen ist schmächtig gebaut, besitzt weder die gewaltige Größe des Hinterleibs vom Weibchen noch die namensgebenden schwarz-gelb-weißen Streifen darauf. Insgesamt erscheint es neben seiner locker viermal größeren Angebeteten wie ein Winzling.

Kryptische Weibchenwahl

Die Paarung ist bei den Wespenspinnen eine unaufgeregte Angelegenheit. Zumindest im ersten Augenblick. Das Männchen macht auf sich aufmerksam, indem es am Netz rüttelt. Wie die Klopfzeichen auf der Klassenfahrt, nutzen auch die Spinnen eine spezielle Frequenz als Erkennungszeichen. Das Anklopfen ist in dem Fall kein Akt der Höflichkeit, sondern seine Lebensversicherung. Mit ins Netz gegangener Beute würde das Weibchen nämlich kurzen Prozess machen. Das Weibchen richtet sich auf dieses Zeichen hin auf und macht dem Männchen Platz, damit es sich unter sie schieben kann. Kaum sichtbar in dem Dickicht aus schier unzähligen Beinen, klappt das Männchen eine Vorrichtung an seinem Kopf aus. Die rastet am Hinterleib des Weibchens ein. Innerhalb von Sekunden ist der Spinnensex über die Bühne. Das Ergebnis eines Dilemmas: Mit jeder Sekunde, in der das Männchen den Paarungsakt in die Länge zieht, kann es mehr Spermien übertragen und dadurch seine Aussichten auf Nachkommenschaft erhöhen. Aber mit jeder Sekunde schwebt er auch in größerer Lebensgefahr. Sobald die Paarung zehn Sekunden oder länger dauert, tötet das Weibchen ihren Sexpartner. Dieses Männchen hat vorzeitig den Absprung geschafft und sich aus dem Netz gerettet.

Auch bei den Nachbar-Spinnen wackeln die Spinnfäden. Doch plötzlich legt sich eine tödliche Stille über das Netz. Die Wespenspinne hat ihren Partner getötet. Das ist keine Seltenheit – ungefähr 80 Prozent der Männchen ereilt dieses Schicksal, als Folge einer ganz grundsätzlichen Meinungsverschiedenheit. Würde es nach dem Willen des Männchens gehen, würde sich das Weibchen nur mit ihm paaren. Das Weibchen ist hingegen eine Verfechterin der „Polyandrie", sprich der Vielmännerei. Wenn es nach ihr geht, paart sie sich mit mehreren Männchen und entscheidet hinterher, wer davon der Vater ihrer Kinder wird. Hier liegt eine, um es in der Fachsprache zu sagen, „kryptische Weibchenwahl" vor. Das Weibchen sammelt die Spermien über mehrere Paarungen hinweg in ihrem Körper und wählt am Ende die in ihren Augen geeignetsten zur Befruchtung ihrer Eizellen aus. Eine ziemlich abgefahrene Fähigkeit, oder? Das Männchen versucht natürlich zu verhindern, dass seine Gene hinterher einfach aussortiert werden, und greift dabei zu, sagen wir, ungewöhnlichen Methoden. Er opfert seinen Penis. Genau genommen heißt das männliche Begattungsorgan Pedipalpus – und davon besitzt er sogar zwei. Dieses Körperteil ist ohnehin eine eigentümliche Erfindung. Es handelt sich nämlich um umgewandelte Extremitäten und einige Spinnenarten nutzen sie noch immer als solche. Junge Vogelspinnen-Männchen (und Weibchen allgemein) zum Beispiel setzen sie beim Laufen ein und erst später, wenn sie geschlechtsreif sind, ändert sich die Funktion ihres sozusagen 9. und 10. Beines und es dient ihnen dann als Begattungsorgan.

Aber zurück zum Wespenspinnen-Penis. Das Männchen hat nämlich vor seinem Tod noch die Spitze seines Begattungsorgans abgebrochen und damit die Geschlechtsöffnung des Weibchens verstopft. Klingt im ersten Moment nicht wirklich sinnvoll. Aber: Das Wespenspinnen-Männchen tauschte seinen Penis (und auch sein Leben, aber das konnte er zu dem Zeitpunkt nicht wissen) gegen eine erfolgreiche Paarung. Das Ganze funktioniert im Grunde genauso wie der Keuschheitsgürtel des Apollo-Falters, nur dass die Spinne im Gegensatz zum Falter hinterher ein Körperteil weniger hat. Auf diese Weise stellt das Männchen sicher, dass kein anderes sich ebenfalls mit dem Weibchen paart und ihm die Eizellen streitig macht. Der Verhütungsschutz ist zu fast 100 Prozent zuverlässig – egal, ob das Männchen stirbt oder nicht. Allerdings ist bei Spinnen alles etwas komplizierter: Nicht nur das Männchen besitzt zwei Begattungsorgane, auch das Weibchen verfügt über zwei Geschlechtsöffnungen. Am Ende davon sitzen zwei Eipakete. Und weil die getrennt voneinander sind, kann sich das Männchen unter Opferung seines Penis zumindest eins davon sichern. Wenn er den Trick überlebt, hat er sogar die Möglichkeit, sich ein zweites Mal mit dem Weibchen zu paaren und auch die zweite Geschlechtsöffnung zu verstopfen. Dann ist ihm die Vaterschaft sicher!

der Vorteil des Gefressenwerdens

Die Wissenschaft hat etwas ziemlich Kurioses herausgefunden (ich finde, noch kurioser als der Doppel-Penis). Dass das Weibchen einen Vorteil davon hat, ihren Partner nach dem Sex zu fressen, liegt (scheinbar) eindeutig auf der Hand. Immerhin verhindert sie dadurch, dass er ihr die Aussicht auf fremde Spermien im wahrsten Sinne des Wortes verbaut. So ist sie zum Beispiel in der Lage, unpassende Spermien, wie die naher Verwandter, auszusortieren. Ganz so eindeutig ist die Sache dann aber doch nicht. Noch ist sich die Wissenschaft nämlich nicht sicher, ob dieses Verhalten unter Wespenspinnen wirklich aus dem Grund so weit verbreitet ist, dass ihnen die Vielmännerei nutzt. Es ist auch möglich, dass sie einfach insgesamt einen Nutzen daraus ziehen, aggressiv zu sein und die Männchen dem nur zufällig zum Opfer fallen.

Sicher ist aber: Der Sexualkannibalismus ist sogar für das Männchen von Vorteil. Die Forschenden haben sich nämlich mal die Eier von verschiedenen Weibchen genauer angesehen. Dabei haben sie gemerkt, dass die der Kannibalinnen schwerer sind als die der Weibchen, die ihren Partner nicht gefressen haben. Scheinbar ermöglichen die Aminosäuren aus dem Körper des Vaters dem Nachwuchs einen besseren Start ins Leben und verbessern seine Aussichten, Nahrungsmangel zu überstehen.

Übrigens: Nicht alle Weibchen stehen bei Wespenspinnen-Männchen gleich hoch im Kurs. Die größte Anziehungskraft üben ältere, jungfräuliche Weibchen auf sie aus. Denn die wecken in ihm die Hoffnung auf alleinige Vaterschaft und bieten seinem Nachwuchs noch dazu eine höhere Überlebenswahrscheinlichkeit als jüngere, jungfräuliche Weibchen. Die Anziehungskraft ist kein Zufall: Mithilfe von Pheromonen locken die Weibchen ihre männlichen Artgenossen aus der Ferne an und mit zunehmendem Alter kurbeln sie die Duftstoffproduktion so richtig an. Vorausgesetzt, sie haben sich bis dahin noch nicht gepaart. So stellen sie sicher, dass sie zum Ende der Paarungszeit, wenn die Zahl der Männchen allmählich abnimmt, nicht leer ausgehen.

Die Gottesanbeterin – kopfloses Liebesglück

Ich habe mich noch nie in einem Leben von einem Insekt so beobachtet gefühlt wie von der Gottesanbeterin. Sie ist eine Lauerjägerin und verschmilzt mit der Umgebung, während sie stundenlang an einem Zweig hängt und … eben lauert. Ihren seitlich am Kopf sitzenden Augen entgeht nichts. Sobald sich ein potenzielles Beutetier (oder eine Fotografin) in ihre Nähe wagt, dreht sie ruckartig den Kopf und visiert es. Wie in Zeitlupe pirscht sie sich an (also nicht an die Fotografin) und verschleiert ihre Bewegungen im Schaukeln der Pflanzen im Wind. Ihre Fangbeine hält sie angewinkelt, nah am Körper, als würde sie beten. Sobald sie sich in Reichweite befindet, streckt sie sie nach vorne, langsam – und packt dann blitzschnell zu. Zu ihren Opfern gehören häufig Heuschrecken – doch ihre Speisekarte ist lang und sogar Eidechsen stehen darauf. Und manchmal auch ihr eigener Partner.

Das Männchen besitzt feine Antennen – und das ist in dem Fall keine Redensart. Mithilfe von Sinneshaaren fängt das Männchen Botschaften auf, die in Form von Sexual-Lockstoffen vom Weibchen versendet wurden. Die Botschaft ist schnell entschlüsselt: Ich bin paarungsbereit! Davon angelockt hat das Männchen ein in den Pflanzen sitzendes Weibchen entdeckt. Es wittert aber nicht nur die Chance auf eine Paarung, sondern auch die Gefahr. Deswegen schleicht es sich von hinten oder von der Seite an die Auserwählte heran. Stück für Stück nähert sich das Männchen – doch sobald sich das Weibchen ihm zuwendet, bleibt er wie versteinert stehen. Es wirkt als würden sie „Ochs am Berg" oder „Sneaky Ninja" spielen. Doch der Spieleinsatz ist hoch. Eine unachtsame Bewegung kann tödlich enden. Erst wenn das Weibchen ihren Blick abwendet, wagt sich das Männchen weiter vor. Mehrere Stunden können vergehen, bis er an seinem Ziel angelangt ist und einen Flugsprung wagt, um auf dem Rücken des Weibchens zu landen. Dort klammert er sich mit den Beinen fest – etwas, das nicht ohne Spuren bleibt, sogar Löcher in den Flügeln kann das Weibchen von den spitzen Dornen an den Beinen des Männchens davontragen. Hat er seinen Platz gefunden, betrommelt er seine Partnerin sanft mit den Antennen – scheinbar um sie zu beruhigen und zur Paarung zu animieren. Verhält sich das Weibchen ruhig, hat das Männchen alles richtig gemacht und verankert seine Phallushaken in den Geschlechtsorganen des Weibchens. Die Paarung dauert stundenlang, selten sogar einen ganzen Tag.

Danach muss alles schnell gehen. Das Männchen hat den Plan, sich mit einem Sprung zur Seite in Sicherheit zu bringen. Doch das Weibchen ist schneller: In den letzten Tagen blieb ihr Jagderfolg aus und jetzt betrachtet sie ihren Partner als Beute. Noch vor der Vollendung der Paarung beißt sie ihm den Kopf ab und verspeist ihn

Stück für Stück. Obwohl das Männchen tot ist: sein Körper bewegt sich weiter, angetrieben von den Reflexen verstärken sich die Kopulationsbewegungen sogar noch. Es ist der Klaus Störtebeker des Tierreichs. Doch während der Pirat den Geschichten zufolge nach seiner Köpfung (fast) elf seiner Männer rettete, rettet das Gottesanbeterinnen-Männchen nur seine eigenen Gene. Immerhin, wer kann das schon von sich behaupten.

Kopfloses Finale

Lange Zeit hielt sich hartnäckig der Mythos, Paarungen können unter Gottesanbeterinnen nur mit dem Abfressen des männlichen Kopfes erfolgreich beendet werden. Doch der Tod ist nicht unausweichlich und wenngleich das Männchen auf dieses Ende vorbereitet ist, versucht es, den tödlichen Ausgang doch zu verhindern. Das beginnt sogar schon mit der Auswahl seiner Partnerin. Gut genährte Weibchen erfreuen sich der größten Beliebtheit. Das hat scheinbar zweierlei Gründe: Zum einen versprechen sie einen hohen Reproduktionserfolg, sprich eine reiche Nachkommenschaft, und zum anderen ist ein gesättigtes Weibchen eben weniger gefährlich als ein hungriges. Doch im Zweifelsfall blickt das Männchen lieber dem Tod ins Auge, als Gefahr zu laufen, leer auszugehen. Ganz zur Freude der Weibchen – wann läuft einem die Beute schon freiwillig in die Arme (nun ja, die von Parasiten manipulierten Tiere ignorieren wir an dieser Stelle mal).

Vom Täter zum Opfer

„Was du nicht willst, das man dir tu, das füg auch keinem anderen zu", ist wohl ein unüblicher Spruch unter Schwarzen Witwen und kleptogamen Schwalben.

ABER EINS IST SICHER: Inmitten krimineller Tiere dreht sich schnell der Spieß um und Täter werden zu Opfern.

Von Gottesanbeterinnen und Pferdehaarwürmern – eine Männerfresserin wird zur Marionette

Die Gottesanbeterin ist als Jägerin genauso tödlich wie als Liebhaberin. Aber wäre doch gelacht, wenn sie das davor bewahren würde, selbst einem Verbrechen zum Opfer zu fallen. Es ist ein Pferdehaarwurm, der sogar die Gottesanbeterin das Fürchten lehrt. Dabei könnte der Wurm unspektakulärer kaum aussehen: dünn wie Draht treibt er verschlungen am Grund des Weihers. Erst als sich das Knäuel löst, wird sichtbar, dass es sich um zwei Würmer handelt, jeder knapp einen halben Meter lang. Ein Männchen und ein Weibchen, die sich ineinander verschlungen gepaart haben. Während das Männchen damit seinen Dienst getan hat und stirbt, hat das Weibchen noch eine wichtige Aufgabe vor sich. Es ist prall gefüllt mit Eiern, die es in Form langer Eischnüre dem Wasser übergibt. Bis zu vier Millionen davon schickt sie auf eine Reise, die sie weit aus dem Weiher herausführen wird. Die Eier verwandeln sich in mikroskopisch kleine Larven. Nahezu bewegungslos umhertreibend warten sie darauf, gefressen zu werden. Da kommt ihnen eine Mückenlarve gerade recht. Im Mückenkörper nehmen sie eine neue Gestalt an: Als Zysten könnten sie hier theoretisch monatelang ausharren. Für die Mücke bleibt das ohne Folgen, denn für den Parasiten ist sie nur eine Zwischenstation, er benutzt sie als Transportmittel, denn er möchte raus aus dem Wasser.

An Land warten allerlei Feinde. Schlecht für die Mücke, gut für den Pferdehaarwurm. Die Gottesanbeterin ist eine von ihnen. Sie hängt reglos an einem Zweig und wartet auf Beute. Die vorbeischwirrende Mücke landet als kleiner Snack in ihren Fangbeinen und gleich darauf in ihrem Verdauungstrakt – mitsamt dem blinden Passagier. Im Inneren der Gottesanbeterin nimmt der Parasit erstmals die Gestalt eines Wurmes an. Er bohrt sich aus dem Darm heraus, um fortan in ihrem Blut zu leben und zu seiner vollen Länge heranzuwachsen. Mit einer dünnen, durchlässigen Haut ausgestattet zieht er die Nährstoffe aus seinem Wirt heraus. Am Ende ist der Parasit so lang, dass er den Hinterleib der Gottesanbeterin fast vollkommen ausfüllt. Der Platzmangel ist dabei das kleinste Problem. Der Pferdehaarwurm muss zurück ins Wasser! Nur dort kann er sich fortpflanzen. Der Wechsel zwischen den Elementen ist eine logistische Meisterleistung, denn sein Opfer würde wohl kaum freiwillig ins Wasser gehen. Deswegen muss der Parasit das Kommando übernehmen.

Von einer Gehirnwäsche zu sprechen, ist keine Übertreibung. Schon lange vermuteten Forschende, dass sich der Wurm einen direkten Zugriff auf das zentrale Nervensystem sichert. Jetzt konnte die Erforschung einer japanischen Verwandten unserer Gottesanbeterin die Vermutung bestätigen. Die Forschungsergebnisse sind verblüffend: Die Gene des Parasiten sind zu einem erheblichen Teil mit denen der Gottesanbeterin identisch. Denn sie wurden ihr geklaut, über ein Verfahren, das Fachleute als „horizontalen Gentransfer“ bezeichnen. Damit ist der Pferdehaarwurm in der Lage, sozusagen Fälschungen der Signalmoleküle anzufertigen, die im Körper der Gottesanbeterin existieren und sie in ihr Nervensystem einzuschleusen. Damit verändert er scheinbar, wie die Gottesanbeterin die Umgebung wahrnimmt und wie sie darauf reagiert. Die Folgen werden sichtbar, wenn sie an einem Gewässer vorbeikommt. Das Glitzern der Wasseroberfläche übt einen unwiderstehlichen Reiz auf die Gottesanbeterin aus. Unter dem Zwang des Parasiten stürzt sie sich ins Nass. Darauf hat der Pferdehaarwurm gewartet:

über den After bahnt er sich seinen Weg hinaus. Damit schließt sich der Kreislauf.

Es ist doch eine Ironie des Schicksals, dass die Gottesanbeterin sogar Eidechsen bezwingt, und am Ende einem Wurm zum Opfer fällt.

Von Spinnen und Schlupfwespen – ein Versteck für den Feind

Die Echten Radnetzspinnen sind ein Spitzenteam unter den Fallenstellern. Innerhalb von einer halben Stunde versperrt die Gartenkreuzspinne ihrer Beute mit einem namensgebenden Radnetz den Weg. Ein Hinterhalt mit tödlichem Ausgang. Doch die Spinne ist längst selbst ins Visier geraten.

Schlupfwespen aus der Gattung Polysphincta haben Radnetzspinnen als Opfer ausgewählt. Während die Spinne in ihrem Netz darauf wartet, dass ihre Beute in die Falle geht, ist die Schlupfwespe schon im Anflug. Sie hat ein Mittel in der Hinterhand, um die Spinne wehrlos zu machen. Ein Gift, das sie ihrer Auserwählten mit einem gezielten Stich verabreicht. Die Spinne ist paralysiert und muss über sich ergehen lassen, wie die Schlupfwespe ein Ei auf ihrem Körper platziert.

Aus dem Ei schlüpft die Schlupfwespen-Larve und lebt von da an auf ihrem achtbeinigen Wirt. Während die Spinne weiter Insekten fängt, ihr Netz renoviert – sprich, ihr normales

Fremdbestimmt durch Parasiten.

Leben fortsetzt – zapft die Larve sie an und ernährt sich von ihr. Es ist keine dauerhafte Verbindung, sondern die Parasitoidin beißt immer wieder in den weichen Hinterleib der Spinne, schlürft ihre Körpersäfte und frisst am weichen Körpergewebe. Damit kann sie überhaupt erst auf und von der Spinne leben. Denn während die Parasitoidin auf ihrem Rücken sitzt, häutet sich die Spinne sogar, was eine dauerhafte Verbindung verhindert. Wochenlang leben Spinne und Schlupfwespen-Larve Seite an Seite und während die Spinne längst selbst Opfer ist, sammeln sich die leeren Hüllen ihrer eigenen Opfer im Netz.

Doch irgendwann braucht die Schlupfwespe die Spinne nicht mehr. Für die Verpuppung verlässt sie ihren Körper. Vorher passiert aber noch etwas Abgefahrenes. Die Schlupfwespe begnügt sich nämlich nicht damit, die Spinne als Vorratskammer auf Beinen zu nutzen, sie zwingt sie auch zu einem letzten Akt der Hilfe: Sie lässt sich von ihr einen schützenden Kokon spinnen. Die Schlupfwespe Polysphincta tuberosa gehört zu den Arten, bei denen Forschende dieses Verhalten dokumentiert haben – und das gleich bei einer Reihe von Radnetzspinnen.

Das Kokon-Netz ist stärker als das normale Netz der Spinne. Faden für Faden baut sie einen Unterschlupf für die bevorstehende Verpuppung der Schlupfwespe. Für einen dermaßen komplexen Befehl muss Polysphincta tief in die Trickkiste greifen. Schließlich handelt es sich hier nicht um eine Hypnose wie im Film, bei der das Opfer völlig willenlos den Anweisungen ausgeliefert wird. Abgesehen davon, dass solche Szenen ohnehin der Fantasie der Filmemacher entstammen, gehört das natürlich nicht zu den Fähigkeiten der Schlupfwespe. Stattdessen nutzt sie scheinbar die eigene Lebensweise der Spinne gegen sie. Denn das Spinnen von Kokonnetzen ist grundsätzlich nichts Ungewöhnliches im Spinnen-Leben. Die Häutung ist nur ein Beispiel für Lebensabschnitte, in denen auch die Spinne ein solches Versteck nutzt. Diese Ereignisse passieren nicht zufällig, Hormone übernehmen die Steuerung davon. Und genau die scheint die Schlupfwespe sich zunutze zu machen. Sie verabreicht der Spinne Hormone und manipuliert sie auf diesem Weg dermaßen, dass sie in ihrem Interesse arbeitet – so die Hypothese der Forschenden. Mit dem Verbrechen wäre die Schlupfwespe nicht allein, denn auch andere tierische Täter nutzen Hormone, um ihre Opfer gefügig zu machen. Gänzlich ist das Rätsel über die spinnensteuernden Schlupfwespen aber bis heute nicht gelöst.

Von Bohnen und Blattläusen – Killerkommando auf Bestellung

Insekten auf Bestellung – das ist längst zu einem einträglichen Geschäftsmodell geworden. Bei der Suche nach „Nützlinge kaufen" spuckt das Internet knapp eine halbe Million Suchergebnisse aus. Einer dieser Nützlinge ist Aphidius ervi, eine Schlupfwespe, die aufgrund ihrer Vorliebe für Blattläuse in Gewächshäusern und Gärten ein willkommener Gast ist. Während die erwachsenen Schlupfwespen nur die Ausscheidungen der Blattläuse futtern, wächst ihr Nachwuchs in (und von) ihrem Körperinneren heran. Bei der Suche nach ihnen bekommt Aphidius ervi Hilfe von den Pflanzen. Die haben nämlich verständlicherweise gar keine Lust auf die Blattläuse.

Schlupfwespen bekämpfen die Armee aus Blattlaus-Klonen!

Für Blattläuse ist Sex eine Nebensache. Genau genommen sind auch Männchen für sie eine Nebensache. Die tauchen einmal im Jahr kurz auf, dann ist Zeit für Sex.

Und den Rest des Jahres schmeißen die Weibchen den Laden ohne sie. Mittels Jungfernzeugung produzieren sie Generation für Generation kleine Blattläuse. Ihre Töchter sind genetisch identische Klone ihrer selbst. Damit legen sie ein rasantes Tempo hin: bis zu fünf Blattläuse am Tag erzeugt ein Weibchen. So gründet sie in Windeseile eine Kolonie und überzieht ihre Wirtspflanze regelrecht mit einem Teppich aus kleinen Läuschen. Die vielen Nachkommen zapfen ohne Unterlass die Pflanze an und bedienen sich an ihrem Saft.

Die Ackerbohne gehört zu den Leidtragenden der Blattläuse. Während einige Menschen beim Gedanken an die (auch als „Saubohnen" bekannten) Bohnen gequält das Gesicht verziehen, kann die Blattlaus nicht genug von ihr bekommen. Zwar kann die Pflanze nicht flüchten, dafür aber um Hilfe rufen. Das funktioniert allerdings nicht akustisch (zum Glück, sonst wäre es das gewesen mit der Ruhe im Garten), sondern über chemische Signalstoffe. Einer von diesen Stoffen ist Methylsalicylat – das kommt übrigens auch bei der Herstellung von Tic Tac zum Einsatz, Geschmacksrichtung „Wintergreen" (und zugleich der Name einer Pflanze, aus der das „Wintergreen Oil" gewonnen werden kann). Vielleicht liegt es an der gleichzeitigen Verwendung der Geruchsrichtung für Klosteine, dass sich diese Sorte auf dem deutschsprachigen Markt bis heute nicht durchgesetzt hat. Auch auf Blattläuse wirkt Methylsalicylat abstoßend, während es auf die Schlupfwespen eine geradezu anziehende Wirkung hat. Nachvollziehbar, schließlich ist das ihr Zeichen für „das Buffet ist eröffnet".

Die Pflanzensaftsauger haben sich mit der falschen Pflanze angelegt. Getreu nach dem Motto „der Feind meines Feindes ist mein Freund" hetzen sie den Blattläusen das Killerkommando auf den Hals. Der einzige Haken an der Sache: Wenn die Schlupfwespen eintreffen, ist der Schaden schon passiert. Da wäre es doch sinnvoll, dem direkt vorzubeugen. Doch woher sollen die Pflanzen wissen, dass eine Blattlauskolonie im Anmarsch ist? Klar, über Kommunikation mit ihren Artgenossen! Das geschieht unterirdisch über die

Rhizosphäre, das ist der Boden in unmittelbarer Nähe der Wurzeln. Mithilfe chemischer Signale informieren befallene Pflanzen ihre Nachbarn über die drohende Gefahr. Dadurch sind diese den Angreifern einen Schritt voraus und können ihrerseits Luftbotschaften an ihre Helfer verschicken, noch bevor die Blattläuse bei ihnen angekommen sind.

Von Raubameisen und Büschelkäfern – Sklaven und geliebte Feinde im Nest

Sicherlich erzählen sich Ameisenkinder leise flüsternd Schauergeschichten über die Blutrote Raubameise. Die Raubameise macht ihrem Namen alle Ehre. Sie ist eine Sklavenhalterin. Im Sommer begibt sie sich auf die Raubzüge. Ihr Ziel sind Nester der Sklavenameisen, die so oft von anderen Ameisen versklavt werden, dass sie diesen Namen bekommen haben.

Die Blutrote Raubameise könnte auch anders. Nicht, dass das für ihre Opfer irgendwas besser machen würde. Aber es gibt im Gegensatz zu ihr durchaus Ameisenarten, deren Völker ohne Sklavenameisen überhaupt nicht überlebensfähig wären. In den Nestern der Amazonenameise zum Beispiel machen die Sklavenameisen einen Anteil von bis zu 90 Prozent aus. Diese Massen müssen erst einmal herbeigeschafft werden, weshalb die Amazonenameisen regelmäßig andere Nester überfallen. Es wirkt wie die Razzia einer Spezialeinheit: Mit Duftstoffen treiben sie die Bewohner des überfallenen Nestes nach draußen. Dort machen die Amazonenameisen kurzen Prozess: Mit Bissen töten sie Ameisen, die zum Gegenangriff übergehen, und entführen deren Brut in ihr eigenes Nest.

In manchen Ameisennestern leben 90 Prozent Sklavenameisen!

Im Gegensatz zur Amazonenameise hat die Blutrote Ameise keine Entschuldigung. Sie wäre in der Lage, auch ohne Sklavenameisen zu überleben. Vermutlich hat sich ihr Dasein als (fakultativer)

Sklavenjäger aus früheren Überfällen entwickelt, die allein dazu dienten, die eigene Vorratskammer zu füllen. Doch warum nur Nahrung klauen, wenn man auch gleich Sklaven nehmen kann? Zu den Leidtragenden gehört die Grauschwarze Sklavenameise. Wie ihre Schwester im Geiste entführt die Raubameise nicht die erwachsenen Ameisen, sondern raubt die Puppen. Das erleichtert die Versklavung: Im Nest der Sklavenhalter schlüpfen die als Hilfsameisen bezeichneten Sklaven und fühlen sich wie zu Hause. Sie nehmen das Raubameisenvolk als ihr eigenes an. Die Boulevardpresse würde wohl ein „Stockholm-Syndrom" diagnostizieren, doch der Grund dafür hat nichts mit Psychologie zu tun, sondern mit Chemie.

Ameisen nutzen Kohlenwasserstoffe als Erkennungsmerkmale. Sie können ihr Nest und ihre Nestgenossen am Geruch erkennen. Weil die Nestgenossen ständig miteinander in Kontakt stehen, tauschen sie die Kohlenwasserstoffe aus und bilden damit einen einheitlichen Geruch. Die aus den Puppen schlüpfenden Sklavenameisen merken sich diesen Geruch und behandeln deswegen die Sklavenhalter wie ihresgleichen. Zugleich überträgt sich der Geruch der Sklavenhalter auch auf die Sklaven, sie tragen sozusagen eine Duft-Maske. Etwas, das für sie unter den Umständen sogar von Vorteil ist. Denn es schützt sie vor Attacken. Sklavenameisen, die eine Zeit lang keinen Kontakt zu den Raubameisen hatten, rufen bei einem Zusammentreffen mit ihnen nämlich aggressive Reaktionen hervor.

Im Nest erfüllen die Ameisen – wenn man die Vorgeschichte einmal ausblendet – freiwillig alle anfallenden Aufgaben, mit Ausnahme der Fortpflanzung. Das Leben unter den Raubameisen bleibt nicht ohne Folgen. Bei den Sklavenameisen liegt ein klassischer Fall von schlechtem Einfluss vor: Sie verlieren ihr friedfertiges Wesen und schlagen sich auf die Seite der

Der Büschelkäfer setzt auf Adoption.

Sklavenhalter. Es wurde schon beobachtet, dass sie sich an Kämpfen mit fremden Ameisen beteiligen und sich sogar mit ihren eigenen Artgenossen anlegen, möglicherweise sogar mit Ameisen, in deren Nest sie zur Welt kamen. Schlussendlich werden sie zu Mittätern und transportieren ihrerseits geraubte Brut ab – Sklaven nehmen Sklaven. Da wundert es auch nicht mehr, dass die Sklaven „ihre" Sklavenhalter sogar vor dem Ameisen-Endgegner in Schutz nehmen. Wird eine Raubameise von einem Ameisenlöwen angegriffen, kommen ihnen die gefangenen Nestgenossen zu Hilfe (die Sklavenhalter helfen den Sklaven im Gegenzug natürlich nicht).

Doch die Blutrote Raubameise hätte nichts in diesem Kapitel verloren, wenn sie nicht auch selbst Opfer wäre. Neben Sklavenhaltern und Sklaven leben auch Untermieter im Ameisennest. Der Büschelkäfer lebt gefahrlos unter den Ameisen – obwohl er ganz unverhohlen die Brut der Ameisen vertilgt. Dennoch wird er im Nest geduldet, und noch mehr: Die Ameisen füttern ihn sogar. Das hat einen Grund: Der Büschelkäfer liefert eine oscarreife Schauspielleistung ab. Begegnet er einer Ameise, beschwichtigt er sie mit einem Sekret, das sie begierig von seinem Hinterleib leckt und tut so, als wäre er eine Ameisenlarve. Das gelingt ihm, indem er Brut-Pheromone der Ameisen nachahmt, die er über seine Trichomdrüsen, oder auch „Adoptionsdrüsen", ausscheidet. „Adoptionsdrüsen", weil die Ameisen den Käfer daraufhin kurzerhand adoptieren und in ihrer Brutkammer einquartieren. Die Käfer wickeln die Ameisen dort vollkommen um den Finger – das geht so weit, dass die Ameisen die Larven des Käfers aufziehen, diese mehr füttern als ihren eigenen Nachwuchs und bei Gefahr sogar zuerst in Sicherheit bringen. Scheinbar sorgen die Käferlarven sowohl mit ihrem Geruch als auch mit der Nachahmung des Ameisen-Verhaltens dafür, dass sie in ihren Augen vollkommen unschuldig wirken. Bei solchen gefräßigen Untermietern ist es doch kein Wunder, dass die Blutrote Raubameise auf die Idee kommt, die entstandenen Lücken mit fremder Ameisenbrut zu füllen, oder?

Mit Lug und Trug einem Verbrechen entkommen

Trickser und Täuscher regieren die Natur. Manche ihrer Taten sind von fragwürdiger Legitimität und manche fallen fraglos in den Bereich der Kriminalität.

DOCH AM ENDE KANN MAN IHNEN KEINEN VORWURF MACHEN, schließlich wären sie ohne diesen Einfallsreichtum vielleicht schon von der Bühne verschwunden. Indem sie ihre Beute in einen Hinterhalt locken oder die Treue ihres Partners erzwingen, sichern sie ihr Überleben und das ihrer Nachkommen. Und dann und wann geht es einfach darum, mit Lug und Trug einem Verbrechen zu entkommen. Wer nicht Opfer eines Verbrechers werden will, muss manchmal eben selbst zum Verbrecher werden.

Schwebfliegen sind das Sinnbild für Mimikry: Sie sind vollkommen harmlos, besitzen weder Gift noch einen Stachel zur Verteidigung. Das sollen ihre Feinde natürlich nicht wissen. Also verkleiden sie sich als wehrhafte Insekten. Schwarz-gelb gestreift könnte es sich bei ihnen glatt um Wespen handeln. Und mit denen legen sich nur wenige Tiere gerne an. Die Hornissenschwebliege geht sogar noch weiter. Mit ihrer rötlichen Färbung und einer Körperlänge von teils über zwei Zentimetern (wirklich ein ordentlicher Brummer), ist sie nicht nur unsere größte heimische Schwebfliege, sondern sieht einer Hornisse eben auch täuschend ähnlich. Der Identitätsdiebstahl macht sogar auf Menschen Eindruck!

Die Ameisenspinne macht es ganz ähnlich. Sie hat sich bei ihrer Verkleidung allerdings nicht die Wespen als Vorbild genommen (das wäre auch eine Herausforderung), sondern die Ameisen. Wer schon einmal den Zorn von Ameisen auf sich gezogen hat, kann nachempfinden, dass sich hungrige Tiere da lieber ein anderes Opfer suchen.

Das Tagpfauenauge denkt bei seiner Tarnung direkt eine Nummer größer. Klappt es seine Flügel auf, starren einen vier Augen an.

Da vermutet niemand einen kleinen (schmackhaften) Schmetterling. Wer genau hier für den Identitätsdiebstahl herhalten musste, lässt sich zwar schwerlich beantworten, aber augenscheinlich (Entschuldigung für den platten Wortwitz) sind die Augen abschreckend genug, um nicht gleich gefressen zu werden.

Die optische Tarnung gehört auch zum Repertoire der Sepia. Die vor den deutschen Küsten lebende Tintenfischart kann die Färbung ihrer Haut an die Umgebung anpassen. Gelb, orange, grün oder braun, sogar marmoriert oder gestreift verbirgt sie sich vor den Blicken ihrer Feinde. Diese Tarnung bringt ihr im Angesicht von Haien leider herzlich wenig. Die spüren ihre Beute anhand schwacher elektrischer Felder auf. Die Sepia erzeugt zwar eine Spannung, die rund 75.000-mal schwächer ist als die einer AAA-Batterie, aber das genügt den Haien. Doch da haben sie die Wette ohne den achtarmigen Tarnkünstler gemacht. Der presst sich beim Anblick eines Hais auf den Boden, senkt seine Atemfrequenz auf ein Minimum und reduziert sein elektrisches Feld um bis zu 89 Prozent. Die untersuchten Haiarten gingen in der Folge deutlich seltener zum Angriff über. Und wenn das alles nichts hilft, kann die Sepia immer noch in einer Tintenwolke verschwinden und das Weite suchen.

Das Große Mausohr setzt bei Gefahr lieber auf eine akustische Täuschung. Die Fledermaus steht auf der Speisekarte von Eulen. Um ihren tödlichen Fängen zu entkommen, summt sie – wie eine Hornisse. Das können Eulen offenbar gar nicht leiden und suchen lieber das Weite. Für das Mausohr genügt ein kurzer Moment der Irritation, um die Gelegenheit zur Flucht zu nutzen.

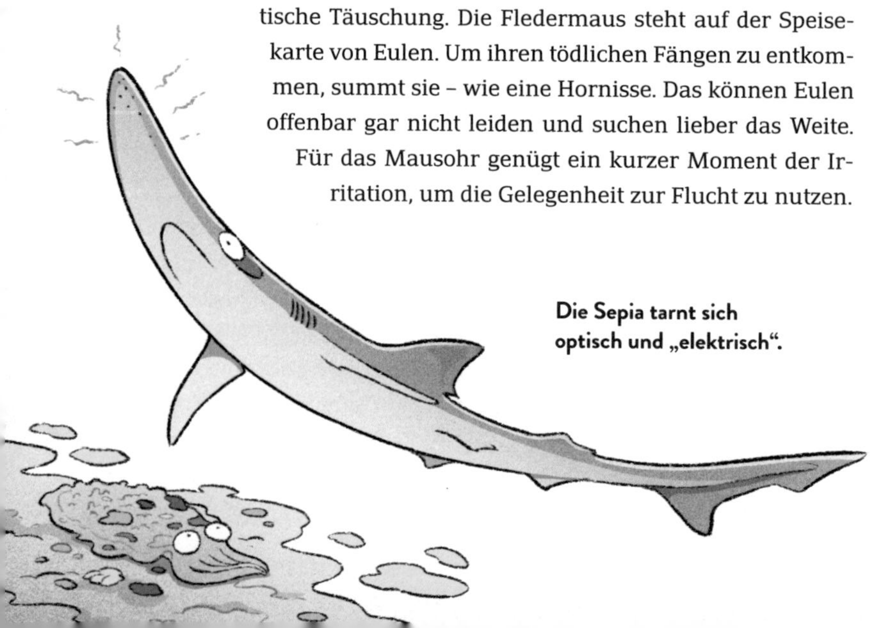

Die Sepia tarnt sich optisch und „elektrisch".

Akustische Mimikry ist der Fachbegriff für den Schutz mithilfe eines solchen akustischen Täuschungsmanövers.

Das Talent besitzt auch die Blaumeise. Für die Brut hat sie sich in die Sicherheit einer Baumhöhle (oder eines Nistkastens) zurückgezogen. Leider gibt es allerlei Feinde, die nicht davor zurückschrecken, einen Überfall zu starten. Kommt einer von ihnen dem Höhleneingang zu nah, bekommt er es mit der Angst zu tun. Die Meise lässt nämlich aus dem Inneren ein drohendes Zischen ertönen. Mit dem schlangenähnlichen Laut schlägt sie Nesträuber in die Flucht.

Der Wendehals setzt noch eins oben drauf. Der Specht zischt nicht nur wie eine Schlange. Er wiegt auch seinen Kopf in schlangenartigen Bewegungen hin und her, um Feinde zu beeindrucken.

Der Sandregenpfeifer hat bei der Tarnung eigentlich alles richtig gemacht: Sandfarben liegen seine gesprenkelten Eier in einer Mulde am Strand. Fast unsichtbar für Fressfeinde, die die Küste unsicher machen. Gleichzeitig hat der winzige Vogel alles auf eine Karte gesetzt. Denn wenn sie doch entdeckt werden, sind sie vollkommen ungeschützt. Nur ein Trick kann den Verlust des Geleges dann noch verhindern: Kläglich lässt der Sandregenpfeifer einen Flügel hängen und schleppt sich theatralisch vom Nest weg. Ein Vogel mit Flügelbruch ist eine leichte Beute. Also wendet sich der Fressfeind vom Nest ab und nimmt die Verfolgung auf. Das Täuschungsmanöver wird erst beendet, wenn der Sandregenpfeifer den Eindringling aus der Gefahrenzone herausgelockt hat. Dann ist er wie durch ein Wunder geheilt und kann sich in die Lüfte schwingen.

Falsche Schlange im Vogelnest.

Faszination des Bösen

Mit der Arbeit an diesem Buch habe ich mich Schritt für Schritt in eine neue Welt hineingewagt.

ZU DEM ZEITPUNKT, ALS DIE ERSTE IDEE DAFÜR ENTSTAND, hatte ich keine Vorstellung davon, wie vielen – mir bis dahin teils unbekannten Arten – ich begegnen würde. Mit der Zeit verschwand mein Schreibtisch unter Türmen aus Literatur, und ich habe mich mehr und mehr in dem Thema verloren, es wurde zu meinem persönlichen Rabbit Hole. Ich stieß auf immer neue Kriminalfälle, die sich gegenseitig an Skurrilität überboten, und war richtiggehend aus dem Häuschen, dass sich das alles sogar direkt vor unserer Tür abspielt! (An dieser Stelle danke an meinen Mann, der meine stundenlangen Erzählungen darüber mit nicht endendem Interesse verfolgt und seinerseits immer wieder neue Geschichten ausgegraben hat.)

Beim Schreiben bereitete es mir manchmal Kopfzerbrechen, wie ich der Komplexität der Fälle gerecht werden kann, ohne ihnen dabei die Spannung zu nehmen oder zu sehr in den Fachjargon abzudriften. Geholfen hat mir dabei auch die Fotografie. Mit der Nase über einem stinkenden Aronstab zu hängen, dem Bienenwolf beim Graben seiner makabren Vorratskammern zuzusehen oder Zeuge der Klaukreisläufe unter Basstölpeln zu werden, konnte keine Literaturrecherche ersetzen.

Eins ist mir klar geworden: Beim Aufklären der Kriminalfälle in der Natur verschwimmen die Grenzen. Kaum ein Krimineller, der Ihnen in diesem Buch begegnet ist, wird nicht zugleich selbst zum Opfer. Noch nicht einmal Viren sind auf der sicheren Seite. Die Annahme, dass sie keine Fressfeinde haben, ist nämlich mittlerweile widerlegt. Auch die vorgestellten Fadenwürmer, Saitenwürmer und

Co. legen es zwar darauf an, gefressen zu werden (manche sogar mehrmals). Landen sie dabei allerdings im falschen Magen, ist ihre Reise zu Ende. Das Sich-fressen-Lassen ist also eine bewährte Strategie, die gleichzeitig mit hohen Risiken verbunden ist.

Unter den Tatbeteiligten finden wir auch solche, die ihre kriminellen Taten aus der Not heraus begehen. Und damit meine ich nicht die Tiere, die mit Lug und Trug einem Verbrechen entkommen. Ich meine Tiere wie die Silbermöwe. Sie hat ihren schlechten Ruf als Meisterdiebin der Strandpromenade längst weg. Das Ganze beruht allerdings nicht auf Freiwilligkeit. Eine Studie zeigte unlängst, dass junge Silbermöwen – wenn sie die Wahl haben – den Fisch vorziehen. Das ändert sich auch dann nicht, wenn sie von klein auf an „städtische Kost" gewöhnt wurden. Schwindende Fischbestände in den Meeren trieben die Möwen scheinbar hin zu leicht zugänglicher Nahrung und damit mitten hinein in den Konflikt mit uns Menschen.

Einige Verbrecher sind auch erst im Laufe der Zeit in Not geraten. Zu ihnen gehört der Wiesenknopf-Ameisenbläuling. Klar, auch er hat Feinde. Die Ameisenbläulings-Schlupfwespe zum Beispiel. Sie sticht ihr Ei in die Bläulingsraupe und sorgt dafür, dass aus der Schmetterlingspuppe am Ende kein Schmetterling, sondern eine Schlupfwespe schlüpft. Für das Überleben der Bläulinge ist das aber nebensächlich. Wenngleich es den Einzelnen den Tod bringt, können das die Ameisenbläulinge als Art verkraften. Was ihnen dagegen merklich zusetzt, ist der Wandel in der Natur. Ihre Raupenfutterpflanze, der Große Wiesenknopf, kann sich auf den vielerorts entwässerten und überdüngten Böden kaum noch durchsetzen. Und auch die Knotenameisen, in deren Nestern die Bläulinge 85 Prozent ihres Lebens verbringen, verschwinden von vielen Wiesen. Der Verlust von Feuchtwiesen und die häufige Mahd lassen andere Ameisenarten an ihre Stelle treten.

Etliche der Kriminellen in diesem Buch sind auf Gedeih und Verderben von ihren Opfern abhängig. Ohne die Knotenameise kein Ameisenbläuling, ohne die Bachforelle keine Flussperlmuschel, ohne die Ratte kein Toxoplasma gondii. Wobei, in letzterem Fall könnten wir notfalls als Wirt einspringen – aber Sie verstehen, was ich meine. Die Verflechtungen innerhalb der True-Crime-Fälle der Natur gestalten die Aufklärung schwierig. Denn gerade wenn scheinbar alle Fakten auf dem Tisch liegen, kommt ein weiterer Tatbeteiligter um die Ecke. Auch während ich diese Seiten schrieb, erschienen ständig neue Fachartikel, die wieder ein neues Geheimnis lüfteten. Und davon warten noch unzählige weitere darauf, von Forschenden entschlüsselt zu werden.

Dieses Buch wirft einen Lichtkegel auf einige der rätselhaftesten und kuriosesten Ereignisse, die sich im düsteren Teil unserer Natur abspielen. Ein klitzekleiner Einblick in eine weitestgehend unerforschte Welt.

Register

Impressum

Mit 62 Illustrationen von **Cornelis Jettke** und
13 Farbfotos von **Farina Graßmann**.

Umschlaggestaltung von **Gramisci Editorial Design (Stefanie Wawer)**, München, unter Verwendung der Illustrationen von **Cornelis Jettke**.

Der Inhalt dieses Buches ist sorgfältig recherchiert und erarbeitet worden. Dennoch können weder Autorin noch Verlag für alle Angaben im Buch eine Haftung übernehmen.

Unser gesamtes Programm finden Sie unter **kosmos.de**
Über Neuigkeiten informieren Sie regelmäßig unsere Newsletter, einfach anmelden unter **kosmos.de/newsletter**

FSC www.fsc.org MIX Papier | Fördert gute Waldnutzung FSC® C014889

Gedruckt auf chlorfrei gebleichtem Papier

© 2025, Franckh-Kosmos Verlags-GmbH & Co. KG,
Pfizerstraße 5–7, 70184 Stuttgart
kosmos.de/servicecenter
Alle Rechte vorbehalten
Wir behalten uns auch die Nutzung von uns veröffentlichter Werke für Text und Data Mining im Sinne von §44b UrhG ausdrücklich vor.
ISBN: 978-3-440-18023-5
Redaktion: Ben Boden
Satz: Text & Bild | Michael Grätzbach, Kernen im Remstal
Produktion: Markus Schärtlein
Gestaltungskonzept: Gramisci Editorial Design, Sandra Gramisci, München
Printed in Germany / Imprimé en Allemagne
Druck und Bindung: Friedrich Pustet GmbH & Co. KG, Regensburg